Adobe Photoshop 2020 基础培训教材

王琦　主编　　邓爱花　谷雨　编著

人民邮电出版社
北京

图书在版编目（CIP）数据

Adobe Photoshop 2020基础培训教材 / 王琦主编 ;
邓爱花，谷雨编著. -- 北京 : 人民邮电出版社，2020.10
ISBN 978-7-115-54499-5

Ⅰ. ①A… Ⅱ. ①王… ②邓… ③谷… Ⅲ. ①图像处理软件－技术培训－教材 Ⅳ. ①TP391.413

中国版本图书馆CIP数据核字(2020)第137632号

内 容 提 要

本书是Adobe中国授权培训中心官方教材，针对Photoshop初学者深入浅出地讲解软件的使用技巧，并用实战案例进一步引导读者掌握软件的应用方法。

全书以Photoshop 2020为基础进行讲解。第1课讲解Photoshop的应用领域、位图和矢量图、ACA证书的相关知识，以及Photoshop的下载与安装；第2课讲解Photoshop的界面与基本操作；第3课讲解图层的相关知识与应用；第4课讲解选区的相关知识与应用；第5课讲解颜色填充的相关知识与应用；第6课讲解绘图工具的相关知识与应用；第7课讲解文字工具的相关知识与应用；第8课讲解蒙版的相关知识与应用；第9课讲解图层混合模式、图层样式的相关知识与应用；第10课讲解图像修饰工具的相关知识与应用；第11课讲解图像调色的相关知识与应用；第12课讲解通道的基本原理及如何使用通道抠图；第13课讲解滤镜库和常用滤镜的相关知识与应用；第14课讲解时间轴动画的相关知识与应用；第15课讲解动作和批处理的相关知识与应用；第16课讲解打造创意海报的一般流程和进行创意字体设计的方法。

本书附赠视频教程、讲义，以及案例的素材文件、源文件和最终效果文件，以便读者拓展学习。

本书适合Photoshop的初、中级用户学习使用，也适合作为各院校相关专业学生和培训班学员的教材或辅导书。

◆ 主　　编　王　琦
编　　著　邓爱花　谷　雨
责任编辑　赵　轩
责任印制　王　郁　马振武

◆ 人民邮电出版社出版发行　　北京市丰台区成寿寺路 11 号
邮编　100164　　电子邮件　315@ptpress.com.cn
网址　https://www.ptpress.com.cn
涿州市般润文化传播有限公司印刷

◆ 开本：787×1092　1/16
印张：14　　　　2020 年 10 月第 1 版
字数：240 千字　　　　2024 年 8 月河北第 12 次印刷

定价：59.00 元

读者服务热线：(010)81055410　印装质量热线：(010)81055316
反盗版热线：(010)81055315
广告经营许可证：京东市监广登字 20170147 号

编委会名单

主　编： 王　琦

编　著： 邓爱花　谷　雨

（以下按姓氏音序排列）

编委会：

毕　红　上海新闻出版职业技术学校

陈　鲁　嘉兴学院

葛　颂　上海东海职业技术学院

黄　彬　上海新闻出版职业技术学校

黄　晶　上海工艺美术职业学院

郝振金　上海科学技术职业学院

倪宝有　火星时代教育互动媒体学院院长

齐云龙　浙江机电职业技术学院

钱伊娜　浙江机电职业技术学院

任艾丽　上海震旦职业学院

宋　灿　吉首大学

孙均海　上海中侨职业技术学院

孙晓晨　上海工艺美术职业学院

汤美娜　上海建桥学院

吴　芳　河北旅游职业学院

杨　青　上海城建学院

余文砚　广西幼儿师范高等专科学校

杨　雪　景德镇陶瓷大学

叶　子　上海震旦职业学院

赵　斌　嘉兴学院

张　婷　上海电机学院

朱轩樱　苏州工业园区服务外包职业学院

序

随着移动互联网技术的高速发展，数字艺术为电商、短视频、5G等新兴领域的飞速发展提供了前所未有的强大助力。以数字技术为载体的数字艺术行业，在全球范围内呈现出高速发展的态势，为中国文化产业的再次盛兴贡献了巨大力量。据2019年8月发布的《数字文化产业发展趋势报告》显示，在经济全球化、新媒体融合、5G产业即将迎来大爆发的行业背景下，数字艺术还会迎来新一轮的飞速发展。

行业的高速发展，需要持续不断的“新鲜血液”注入其中。因此，我们要不断推进数字艺术相关行业的职教体系的发展和进步，培养更多能够适应未来数字艺术产业的技术型人才。在这方面，火星时代积累了丰富的经验，作为中国较早进入数字艺术领域的教育机构，自1994年创立“火星人”品牌以来，一直秉承“分享”的理念，毫无保留地将最新的数字技术，分享给更多的从业者和大学生，无意间开启了中国数字艺术教育元年。26年来，火星时代一直专注数字技能型人才的培养，“分享”也成为我们刻在骨子里的坚持。现在，我们每年都会为行业输送数以万计的优秀技能型人才，教学成果、图书教材和教学案例通过各种渠道辐射全国，很多艺术类院校或相关专业都在使用火星时代出版的图书教材或教学案例。

火星时代创立初期的主业为图书出版，在教材的选题、编写和研发上自有一套成功经验。从1994年出版第一本《3D studio 三维动画速成》至今，火星时代出版教材超100种，累计销量已过千万。在纸质图书从式微到复兴的大潮中，火星时代的教学团队也从未中断过在图书出版方面的探索和研究。

“教育”和“数字艺术”是火星时代长足发展的两大关键词。教育具有前瞻性和预见性，数字艺术又因与计算机技术的发展息息相关，一直都奔跑在时代的最前沿。而在这样的环境中，居安思危、不进则退成为火星时代发展路上的座右铭。我们从未停止过对行业的密切关注，尤其是技术革新对人才需求的新变化。2020年上半年，通过对上万家合作企业和几百所合作院校的最新需求调研，我们发现，对新版本软件的熟练使用，是连结人才供需双方诉求的最佳结合点。因此，我们选择了目前行业需求最急迫、使用最多、版本最新的几大软件，发动具备行业一线水准的火星精英讲师，精心编写出这套基于软件实用功能的系列图书。该系列图书内容全面覆盖软件操作的核心知识点，还创新性地搭配了按照章节定义的教学视频、课件PPT、教学大纲、设计资源及课后练习题，非常适合零基础读者，同时还能够很好地满足各大高等专业院校、高职院校的视觉、设计、媒体、园艺、工程、美术、摄影、编导等相关专业的授课需求。

学生学习数字艺术的过程就是攀爬金字塔的过程。从基础理论、软件学习、商业项目实战、专业知识的横向扩展和融会贯通，一步步地进阶到金字塔尖。火星时代在艺术职业教育领域经过26年的发展，已经创造出一整套完整的教学体系，帮助学生在成长中的每个阶段都能完成挑战，顺利进入下一阶段。我们出版图书的目的也是如此。这里也由衷感谢人民邮电出版社和Adobe中国授权培训中心的大力支持。

美国心理学家、教育家布鲁姆曾说过："学习的最大动力，是对学习材料的兴趣。"希望这套浓缩了我们多年教育精华的图书，能给您带来极佳的学习体验！

王琦

火星时代教育创始人、校长

中国三维动画教育奠基人

前言

软件介绍

Photoshop是Adobe公司推出的一款图像处理软件。摄影师可以用Photoshop对照片进行调色、瑕疵修复、人物皮肤和形体的美化等；平面设计师可以用Photoshop设计海报、广告等视觉作品；插画师可以用Photoshop进行数字绘画；网页设计师可以用Photoshop绘制图形、图标，设计网页等Photoshop拥有强大的图层、选区、蒙版、通道等功能，可以用来完成专业的调色、修图、合成、音频视频组合等工作，创作出震撼人心的视觉效果。

本书是基于Photoshop 2020编写的，建议读者使用该版本软件。如果读者使用的是其他版本的Photoshop，也可以正常学习本书所有内容。

内容介绍

第1课“走进实用的Photoshop世界”通过多个作品讲解使用Photoshop可以做什么、位图和矢量图的区别、ACA认证是什么，高效学习Photoshop的方法。

第2课“软件界面与基本操作”讲解Photoshop的界面、视图的基本操作，以及文件的打开、新建、存储，图像尺寸的更改等常用操作。

第3课“图层的使用”讲解图层的创建、选择、复制、删除、移动、变换、合并与盖 印等，以及图层的排列与分布最后讲解图层组的管理。

第4课“选区工具”讲解Photoshop中用于创建选区的各种工具和使用选择并遮住功能进行精细抠图的方法，并通过综合案例巩固所学内容。

第5课“颜色填充”讲解不同类型的颜色填充方法，以及定义图案的方法，并通过综合案例巩固所学内容。

第6课“绘图工具”讲解形状工具、钢笔工具、画笔工具等绘图工具的操作方法，通过绘制孟菲斯风格背景来巩固形状工具的操作要点，通过绘制卡通人物来巩固钢笔工具的使用要点。最后通过综合案例绘制风景插画对绘图工具进行全面的知识巩固。

第7课“文字工具”讲解不同类型的文字输入方法、字符面板和段落面板的作用，以及将文字转换成形状的操作方法。最后通过综合案例巩固文字排版的具体操作方法。

第8课“蒙版的应用”讲解蒙版的应用，包括快速蒙版、图层蒙版和剪贴蒙版的建立和编辑方法，以及新增图框工具的使用方法。

第9课“图层的高级应用”主要讲解图层混合模式和图层样式，并结合多个案例加强读者对所学知识的理解。最后通过综合案例“城市拾荒者”电影海报的设计讲解使用图层混合模式制作双重曝光效果及使用图层样式制作文字特效的方法。

第10课“图像修饰（修图）”讲解修复工具、图章工具、内容识别填充功能等对图像的修复方法，以及加深工具与减淡工具对图像的修饰方法，并通过多个案例反复练习巩固所学知识。

第11课“图像调色”讲解几种图像的颜色模式（位图模式、灰度模式、索引颜色模式、RGB颜色模式、CMYK颜色模式）的相关知识，并通过多个案例对几个调色命令（色阶、曲线、色相/饱和度、色彩平衡）进行详细的讲解，最后通过一个综合案例巩固所学知识。

第12课“通道的应用”讲解通道的分类、通道面板的使用方法，根据通道的原理讲解使用通道抠图的方法，并通过综合案例巩固通道知识。

第13课“滤镜的应用”讲解滤镜库与智能滤镜的使用方法，以及几个常用滤镜的使用方法，并通过综合案例巩固滤镜知识。

第14课“时间轴动画”讲解时间轴的使用方法，并通过3个应用案例巩固制作动画的流程与技巧。

第15课“动作与批处理”通过实际案例讲解动作的创建与编辑，以及使用批处理的要点。

第16课“实战案例”讲解打造创意海报的一般流程。

课后有相应的练习题，用以检验读者的学习效果。

本书特色

本书内容循序渐进、理论与应用并重，能够帮助读者实现从零基础入门到进阶的提升。此外，本书有完整的课程资源和大量的视频教学内容，使读者可以更好地理解、掌握与熟练运用Photoshop。

理论知识与实践案例相结合

本书针对调色、修图、合成、图形、文字设计、数字绘画等具体的图像处理工作，先讲解相关工具的使用方法，再通过综合案例来加深读者的理解，让读者真正做到活学活用。

资源

本书包含大量资源，包括视频教程、讲义、案例素材文件、源文件及最终效果文件。视频教程与书中内容相辅相成、互为补充；讲义可以帮助读者快速梳理知识要点，也可以帮助教师编写课程教案。

作者简介

王琦：火星时代教育创始人、校长，中国三维动画教育奠基人，被业界尊称为“中国CG之父”，北京信息科技大学兼职教授、上海大学兼职教授，Adobe教育专家、Autodesk教育专家，出版《三维动画速成》《火星人》等系列图书和多媒体音像制品50余部。

邓爱花：平面设计师、UI 设计讲师，专注于平面设计、版式设计、网页设计等领域，有10年的设计工作经验；长期服务于火星时代教育互动媒体专业，主要负责UI课程的案例研发。

谷雨：火星时代教育金牌讲师，曾担任多个品牌的首席设计师、设计总监；深耕数字艺术教育领域15年，讲解细致，思路清晰，风趣幽默，深受学生好评；帮助过上千名学生由零基础小白蜕变为优秀的设计师。

学习本书后，读者可以熟练地掌握Photoshop的操作方法，还可以对调色、修图、合成、图形、文字设计、数字绘画等工作有更深入的理解。

尽管编者已竭尽全力、用心编写，但本书在编写过程中难免存在错漏之处，希望广大读者批评指正。如果读者在阅读本书的过程中有任何建议，都可以发送电子邮件至zhaoxuan@ptpress.com.cn联系我们。

编者

2020年8月

<table>
<tr><td>课程名称</td><td colspan="3">Adobe Photoshop 2020基础培训教材</td></tr>
<tr><td>教学目标</td><td colspan="3">使学生掌握Photoshop的使用方法，并能够使用Photoshop创作出简单的海报作品</td></tr>
<tr><td>总课时</td><td>64</td><td>总周数</td><td>16</td></tr>
<tr><td colspan="4">课时安排</td></tr>
<tr><td>周次</td><td>建议课时</td><td>教学内容</td><td>作业数量</td></tr>
<tr><td>1</td><td>4</td><td>走进实用的Photoshop世界（本书第1课）</td><td>—</td></tr>
<tr><td>2</td><td>4</td><td>软件界面与基本操作（本书第2课）</td><td>1</td></tr>
<tr><td>3</td><td>4</td><td>图层的使用（本书第3课）</td><td>1</td></tr>
<tr><td>4</td><td>4</td><td>选区工具（本书第4课）</td><td>1</td></tr>
<tr><td>5</td><td>4</td><td>颜色填充（本书第5课）</td><td>1</td></tr>
<tr><td>6</td><td>6</td><td>绘图工具（本书第6课）</td><td>2</td></tr>
<tr><td>7</td><td>4</td><td>文字工具（本书第7课）</td><td>1</td></tr>
<tr><td>8</td><td>4</td><td>蒙版的应用（本书第8课）</td><td>1</td></tr>
<tr><td>9</td><td>4</td><td>图层的高级应用（本书第9课）</td><td>1</td></tr>
<tr><td>10</td><td>4</td><td>图像修饰(修图)（本书第10课）</td><td>2</td></tr>
<tr><td>11</td><td>4</td><td>图像调色（本书第11课）</td><td>1</td></tr>
<tr><td>12</td><td>4</td><td>通道的应用（本书第12课）</td><td>2</td></tr>
<tr><td>13</td><td>4</td><td>滤镜的应用（本书第13课）</td><td>2</td></tr>
<tr><td>14</td><td>4</td><td>时间轴动画（本书第14课）</td><td>1</td></tr>
<tr><td>15</td><td>4</td><td>动作与批处理（本书第15课）</td><td>1</td></tr>
<tr><td>16</td><td>4</td><td>实战案例（本书第16课）</td><td>—</td></tr>
</table>

本书导读

本书用课、节、知识点、综合案例对内容进行了划分。

课 每课将讲解具体的功能或项目。

节 将每课的内容划分为几个学习任务。

知识点 将每节内容的理论基础分为几个知识点进行讲解。

综合案例 用具体案例对该课知识进行巩固。

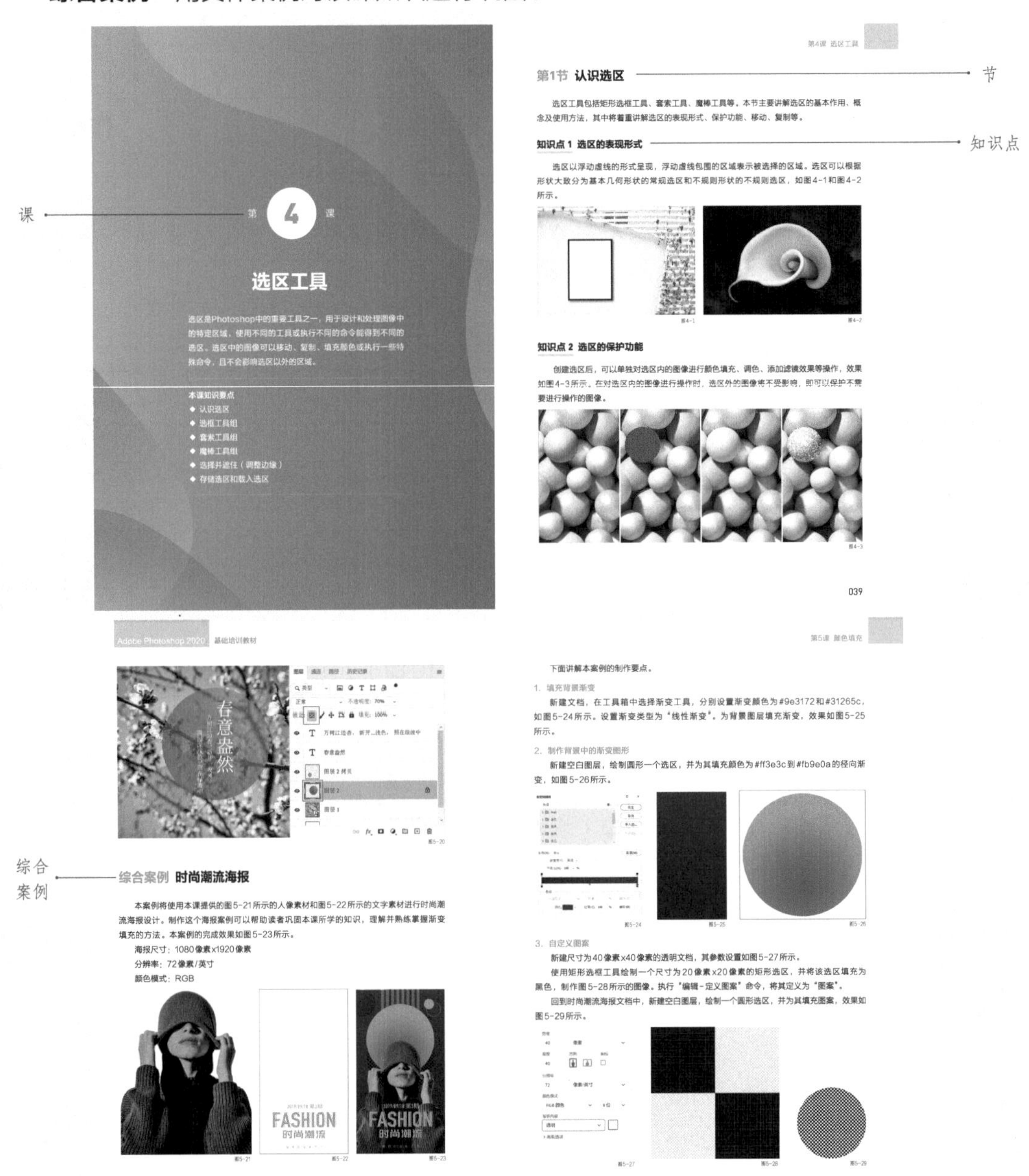

第4课

选区工具

选区是Photoshop中的重要工具之一，用于设计和处理图像中的特定区域。使用不同的工具或执行不同的命令能得到不同的选区。选区中的图像可以移动、复制、填充颜色或执行一些特殊命令，且不会影响选区以外的区域。

本课知识要点

- 认识选区
- 选框工具组
- 套索工具组
- 魔棒工具组
- 选择并遮住（调整边缘）
- 存储选区和载入选区

第4课 选区工具

第1节 认识选区

选区工具包括矩形选框工具、套索工具、魔棒工具等。本节主要讲解选区的基本作用、概念及使用方法，其中将着重讲解选区的表现形式、保护功能、移动、复制等。

知识点 1 选区的表现形式

选区以浮动虚线的形式呈现，浮动虚线包围的区域表示被选择的区域。选区可以根据形状大致分为基本几何形状的常规选区和不规则形状的不规则选区，如图4-1和图4-2所示。

图4-1　图4-2

知识点 2 选区的保护功能

创建选区后，可以单独对选区内的图像进行颜色填充、调色、添加滤镜效果等操作，效果如图4-3所示。在对选区内的图像进行操作时，选区外的图像将不受影响，即可以保护不需要进行操作的图像。

图4-3

039

Adobe Photoshop 2020 基础培训教材

图5-20

综合案例 时尚潮流海报

本案例将使用本课提供的图5-21所示的人像素材和图5-22所示的文字素材进行时尚潮流海报设计。制作这个海报案例可以帮助读者巩固本课所学的知识，理解并熟练掌握渐变填充的方法。本案例的完成效果如图5-23所示。

海报尺寸：1080像素x1920像素

分辨率：72像素/英寸

颜色模式：RGB

图5-21　图5-22　图5-23

第5课 颜色填充

下面讲解本案例的制作要点。

1. 填充背景渐变

新建文档，在工具箱中选择渐变工具，分别设置渐变颜色为#9e3172和#31265c，如图5-24所示。设置渐变类型为“线性渐变”。为背景图层填充渐变，效果如图5-25所示。

2. 制作背景中的渐变图形

新建空白图层，绘制圆形一个选区，并为其填充颜色为#ff3e3c到#fb9e0a的径向渐变，如图5-26所示。

图5-24　图5-25　图5-26

3. 自定义图案

新建尺寸为40像素x40像素的透明文档，其参数设置如图5-27所示。

使用矩形选框工具绘制一个尺寸为20像素x20像素的矩形选区，并将该选区填充为黑色，制作图5-28所示的图像。执行“编辑-定义图案”命令，将其定义为“图案”。

回到时尚潮流海报文档中，新建空白图层，绘制一个圆形选区，并为其填充图案，效果如图5-29所示。

图5-27　图5-28　图5-29

064　065

本课练习题　每课课后均配有与该课内容紧密相关的练习题，包含选择题、判断题、操作题等型。操作题均提供详细的素材和要求，以及相应的操作要点提示，用于帮助读者检验自己是否能够灵活掌握并运用所学知识。

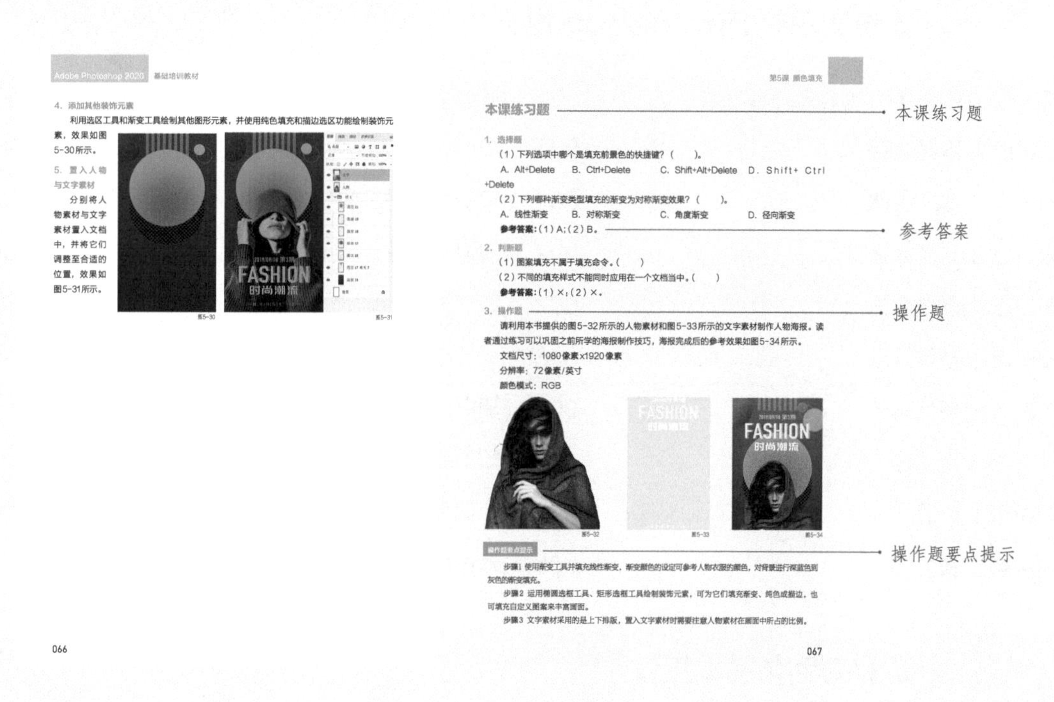

Adobe Photoshop 2020 基础培训教材

4. 添加其他装饰元素

利用选区工具和渐变工具绘制其他图形元素，并使用纯色填充和描边选区功能绘制装饰元素，效果如图5-30所示。

5. 置入人物与文字素材

分别将人物素材与文字素材置入文档中，并将它们调整至合适的位置，效果如图5-31所示。

图5-30　图5-31

066

第5课 颜色填充

本课练习题

1. 选择题

（1）下列选项中哪个是填充前景色的快捷键？（　　）。

A. Alt+Delete　B. Ctrl+Delete　C. Shift+Alt+Delete　D. Shift+ Ctrl +Delete

（2）下列哪种渐变类型填充的渐变为对称渐变效果？（　　）。

A. 线性渐变　B. 对称渐变　C. 角度渐变　D. 径向渐变

参考答案：（1）A；（2）B。

2. 判断题

（1）图案填充不属于填充命令。（　　）

（2）不同的填充样式不能同时应用在一个文档当中。（　　）

参考答案：（1）×；（2）×。

3. 操作题

请利用本书提供的图5-32所示的人物素材和图5-33所示的文字素材制作人物海报。读者通过练习可以巩固之前所学的海报制作技巧，海报完成后的参考效果如图5-34所示。

文档尺寸：1080像素x1920像素

分辨率：72像素/英寸

颜色模式：RGB

图5-32　图5-33　图5-34

操作题要点提示

步骤1 使用渐变工具并填充线性渐变，渐变颜色的设定可参考人物衣服的颜色，对背景进行深蓝色到灰色的渐变填充。

步骤2 运用椭圆选框工具、矩形选框工具绘制装饰元素，可为它们填充渐变、纯色或描边，也可填充自定义图案来丰富画面。

步骤3 文字素材采用的是上下排版，置入文字素材时需要注意人物素材在画面中所占的比例。

067

资源获取

扫描右侧二维码领取本书专属福利，包括全书的讲义、案例的详细操作视频和素材文件。

领取福利后，在PC端的浏览器上登录“https://www.hxsd.tv/”火星时代网校，进入“**我的课程**”，选择指定课程，单击“立即学习”按钮进入课程学习页面，然后单击“课程素材”按钮即可下载本书专属福利。

目录

第 1 课 走进实用的 Photoshop 世界

第 2 课 软件界面与基本操作

第 3 课 图层的使用

第 4 课 选区工具

第 5 课 颜色填充

目录

第6课 绘图工具

第7课 文字工具

第8课 蒙版的应用

第 9 课 图层的高级应用

第 10 课 图像修饰（修图）

第 11 课 图像调色

目录

第 15 课 动作与批处理

第 16 课 实战案例

第 1 课

走进实用的Photoshop世界

Photoshop是Adobe公司出品的图像处理软件。通过本课的学习，读者可以了解Photoshop的应用领域。本课的多个精彩案例将向读者展示Photoshop在修复瑕疵、修正色调、修饰人像、图像合成、数字绘画、平面设计等领域的强大实力。本课将Photoshop的学习方法概括为“看、思考、临摹、创作”4个步骤，帮助读者提高学习效率。读者还可以通过考取ACA证书来检验学习的效果。在正式开始讲解软件使用技巧之前，本课还将带领读者下载与安装Photoshop。

本课知识要点

- Photoshop能做什么
- 位图和矢量图的区别
- 获取ACA证书
- 下载与安装Photoshop
- 怎么学习Photoshop

第1节 Photoshop能做什么

Photoshop是一款强大的图像处理软件，使用Photoshop具体可以做些什么呢？下面就来详细地看一看。

知识点 1 修复瑕疵

图片中的污点或不美观的地方可以使用Photoshop的污点修复画笔等工具来修复，如图1-1所示。

图1-1

知识点 2 修正色调

拍摄的图片因光线等问题显得灰暗，这时候该怎么办呢？使用Photoshop强大的调色功能可以调整图像的明暗对比，让图像显得明艳，如图1-2所示。

图1-2

知识点 3 人像修饰

Photoshop最广为人知的功能就是人像修饰功能。使用Photoshop可以轻松提升人物的“颜值”。无论是塑造完美的脸型，还是打造细腻光滑的皮肤，使用Photoshop都可以轻松完成，如图1-3所示。

图1-3

知识点 4 图像合成

在Photoshop中，可以运用抠图、调色、修图等技术合成多张图像，打造出梦幻的效果，实现人们脑海中的奇思妙想，如图1-4所示。

知识点 5 数字绘画

使用Photoshop进行数字绘画可以轻松地调整画面，给画面增加纹理细节。使用Photoshop的矢量工具可以将真实的风景图像绘制成精美的插画作品，如图1-5所示。

知识点 6 平面设计

除了服务于人们的生活和爱好，Photoshop还可以成为人们工作的好帮手。使用Photoshop可以将文字和图像进行结合，创作出海报、Banner等平面设计作品，如图1-6所示。

来自山野闯入都市愿在这繁华之地寻找一片净土
城市拾荒者
URBAN SCAVENGERS
各大影院2020年3月20日倾情上映

图1-4

图1-5

你不怕挑剔，
只是不想宽恕自己。
事业的『平凡』之下
你是否该换种活法？
我不怕困难
但害怕太过平庸！
——佚名
而你
也和我一样吗？
不料
平凡之下
换种活法
2020
08/24
生活，请给我恬淡和远方
现实面前我们慢慢没了原来的样子
平凡的人只有一种情绪
懦弱者在拒绝中失去世界
笼中之鸟忘记了山野、天空和同伴
生活，请给我几个志同道合的朋友
我要在人世的汪洋中
坦然面对天空和游鱼
仰视不自卑，俯瞰不高傲
生活，也请给我自处的空间
让我脱下盔甲和面具，回归本真
一个人哭、笑、呐喊、发呆和沉思
浮躁的时代，让我思绪难平
千军万马踏过我思想的大地
谁是指引我前行的贵人？
什么才是我精神的寄托？
生活，请不要用世间的纷扰
占用我的时间、迷乱我的方向
请给我热情也给我恬静
我不要什么都是别人料定的那样
让我尽情地畅想打破陈规
让世界
看见你
LET THE WORLD
SEE YOU

FASHION GIRL
爱生活、做自己
可以很美
也可以很酷
模特：艾悠悠

图1-6

第2节 位图和矢量图的区别

计算机图像的基本类型是数字图像，它是以数字方式记录、处理和保存的图像文件。根据图像生成方式的不同，可以将图像分为位图和矢量图两种类型。

知识点 1 位图

位图也被称为像素图或点阵图。将位图放大到一定程度时，可以看到位图是由一个个小方格组成的，这些小方格就是像素。像素是位图图像最小的组成元素，位图的大小和质量由像素的多少决定，像素越多，图像越清晰，颜色之间的过渡也越平滑，如图1-7所示。位图图像的主要优点是表现力强、层次多、细腻、细节丰富，可以十分逼真地模拟出像照片一样的真实效果。位图图像可以通过扫描仪和数码相机获得，而Photoshop是生成位图的常用软件。

图1-7

知识点 2 矢量图

矢量图是由点、线、面等元素组成的，记录的是对象的几何形状、线条粗细和色彩属性等。矢量图的主要优点是不受分辨率影响，无论怎样缩放都不会改变其清晰度和光滑度，如图1-8所示。矢量图只能通过CorelDRAW或Illustrator等软件生成。

图1-8

第3节 获取ACA证书

学习完Photoshop技能以后，还可以考取ACA证书来检验学习效果。下面就来了解一下ACA。

知识点 1 什么是 ACA

ACA是Adobe公司推出的权威国际认证。它是一套面向全球Adobe软件的学习者和使用者的全面、科学、严谨、高效的考核体系。

目前可以进行认证的包括Photoshop、Premiere、Illustrator等常用的Adobe软件。

知识点 2 ACA 考试介绍

ACA考试包含单选题、多选题、匹配题和软件操作题，一共40道题，其中25%为理论题。考试答题时间为50分钟。考试满分为1000分，获得700分为及格。考试方式为在线考试。

每通过一款软件的认证考试，都可以获得一张对应的认证证书，如图1-9所示。该证书适用于任何专业的学生和Adobe产品的使用者。

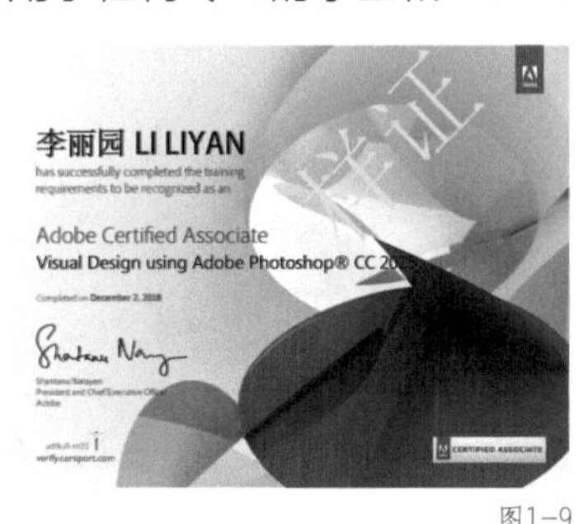

图1-9

图1-10

图1-11

如果获得多个Adobe软件的认证证书，还可以申请Adobe网页设计师或视觉设计师证书。如何用Photoshop、Illustrator、InDesign这3个同版本产品证书免费申请Adobe视觉设计师证书，如图1-10所示；可用Photoshop、Flash/Animate、Dreamweaver这3个同版本产品证书免费申请Adobe网页设计师证书，如图1-11所示。

知识点 3 获得认证的好处

首先，获得认证是软件使用者技能与时俱进的一个证明。ACA的考核内容会随着软件版本同步更新，周期一般为3年。获得认证可以检验使用者的学习成果，提升其自信心。

同时，获得认证也可以增强软件使用者的专业的可信度，对其求职有帮助。

此外，获得认证还可以增加软件使用者的学习动力。

第4节 下载与安装Photoshop

在正式学习Photoshop技能之前需要下载软件。接下来将讲解下如何下载与安装Photoshop。

Photoshop几乎每年都会进行一次版本的更新迭代，更新的内容包括部分功能的优化和调整，以及增加一些新功能等。因此，建议大家下载较新版本的Photoshop，这样可以体验到更多新技术和新功能。

本书基于Photoshop 2020进行讲解，建议初学者下载相同的版本来进行同步练习。

下载Photoshop的方法很简单，只需要登录图1-12所示的Adobe官方网站，然后找到“支持”栏目，在该栏目的“下载和安装”页面中即可下载正版Photoshop。

图1-12

下载Photoshop后，根据安装文件的提示一步一步地进行安装即可。

第5节 怎么学习Photoshop

Photoshop的功能非常强大，能帮助设计师创作出不同风格的图像和设计作品。不过也有一些初学者会因为Photoshop的强大而犹豫，担心Photoshop学起来会很困难。其实不用担心，只要掌握正确的方法，就可以轻松学习Photoshop。

Photoshop只是一个实现想法、创意的工具，学会工具的使用方法并不困难，只需要反复练习就可以了。但是，学会使用Photoshop后，很多人依然做不出好看的作品——这就是学习Photoshop的难点所在。

那么应该如何提升创作作品的能力呢?

只需要坚持循环练习图1-13所示的看、思考、临摹、创作4个步骤就可以了。

图1-13

知识点 1 看

看就是看大量的优秀作品。去哪里看呢？在图1-14所示的站酷网、花瓣网等设计网站上可以轻松地找到优秀的设计作品。

这一步的重点是“大量”。因为人的审美会被平时所看的东西影响，所以只有看过大量美的东西，审美才会得到提升。看作品时不要只关注自己感兴趣的领域，而要看各种各样的优秀作品，如图1-15所示。

图1-14

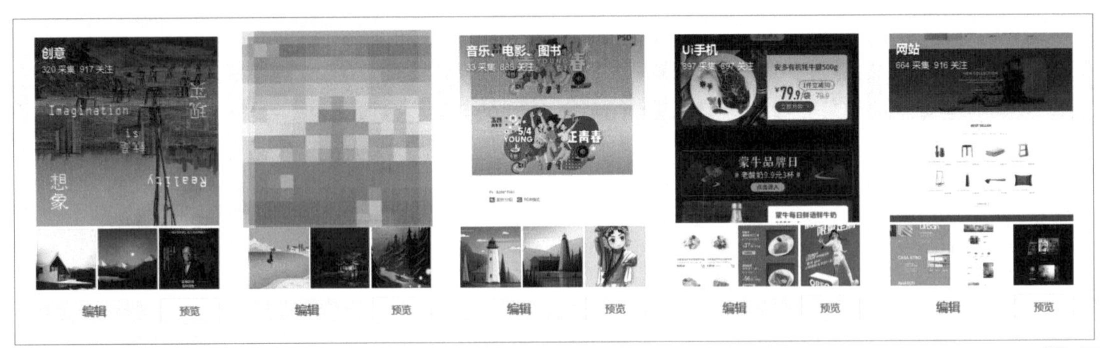

图1-15

知识点 2 思考

思考就是看到一幅好的作品时，思考它究竟好在哪里，可以分析作品的构图、色彩搭配等，还可以从设计的细节进行分析。例如，看到图1-16所示的作品时，可以分析其在文字方面做了怎样的设计，思考它背后的创意，还可以检查作品的抠图、修图细节是否做得足够好。在分析作品的同时，也需要思考自己还有哪些地方需要提升。

知识点 3 临摹

临摹就是动手将好的作品还原出来。初学者在刚开始临摹的时候，可能会苦于找不到好的素材。针对这个问题，初学者可以先在图1-17所示的虎课网、腾讯课堂、火星网校等网络学习平台进行案例课程的学习。这些平台的案例课程会同步发布素材，使用这些素材就可以开始临摹练习了。

图1-16

图1-17

等渐渐掌握了找素材的方法后，看到好的作品后就可以自己独立进行二次设计了。在临摹的过程中，除了能练习软件技术，还能对设计理论有更深的理解。只有有了量的积累，才会有质的飞跃。

知识点 4 创作

实战是验证设计能力的最佳方式，但新手能参与到实战中的机会并不是很多。参加网上的设计比赛是新手锻炼实操能力的一个好选择，一般设计类的比赛可以在UI中国、图1-18所示的站酷网等设计网站上报名参与。这些商业比赛是网站与企业联合举办的，通常都有特定的主题和宣传的需求，跟真实的项目非常贴近。

图1-18

当软件操作技能熟练后，还可以在图1-19所示的猪八戒网、68设计等网站上接单，做真实的项目。

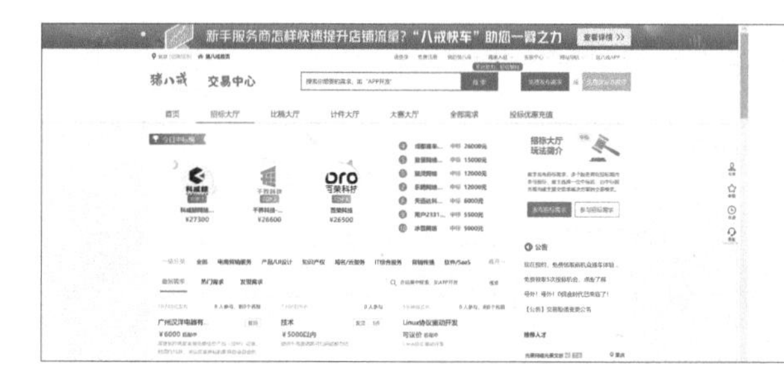

图1-19

第  课

软件界面与基本操作

随着Photoshop版本的不断升级，Photoshop的界面布局越来越合理和人性化。启动Photoshop 2020后，首先映入眼帘的是全新的主页界面，其中除了强调了“新建”和“打开”按钮，还增加了一些“小惊喜”，例如，“查看新增功能”区域的“在应用程序中查看”按钮可以帮助用户了解其新增的功能，如图2-1所示。

图2-1

本课主要讲解Photoshop 2020的软件界面，以及视图、文档等的基本操作。读者掌握这些基本操作，有助于进一步学习该软件的使用方法。

本课知识要点

- 认识软件界面
- 视图的基本操作
- 文件的基本操作
- 更改图像尺寸

第1节 认识软件界面

新建文件或者打开文件后，就可以看到软件的工作界面了。Photoshop 2020的工作界面较之前版本的工作界面没有太大的变化，仍包含标题栏、菜单栏、属性栏、工具箱、工作区、状态栏和面板区等，如图2-2所示。

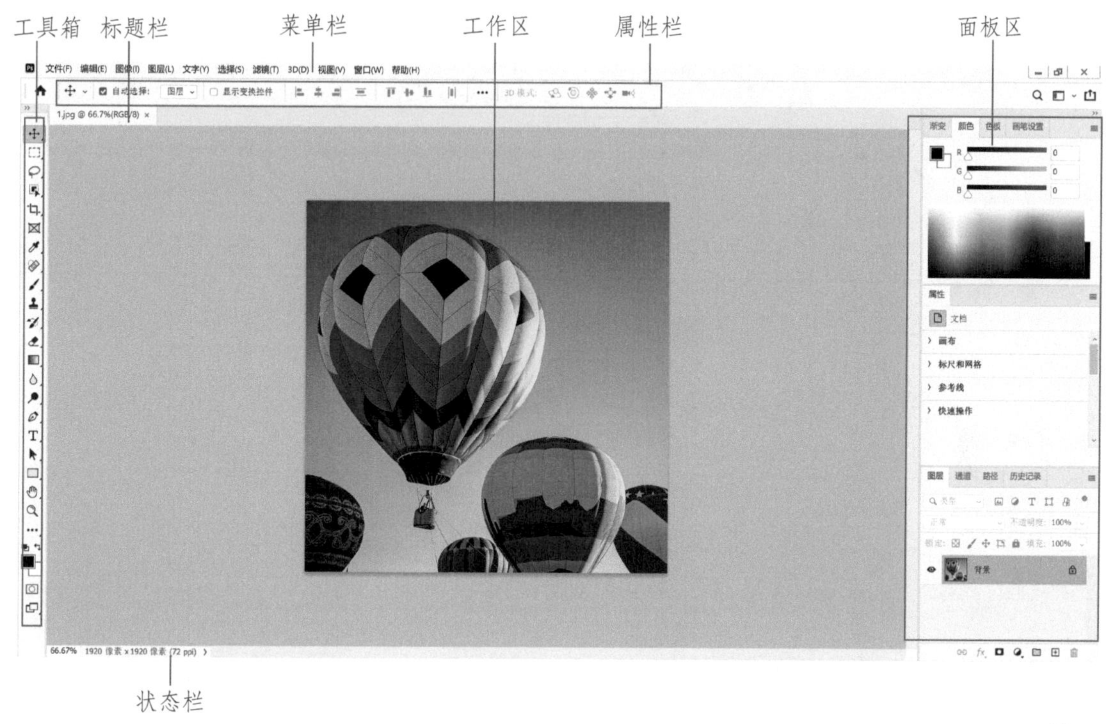

图2-2

▍菜单栏。菜单栏位于软件界面的最上方，包含了Photoshop所有的功能。用户可选择各菜单项下的命令来完成各种操作和设置。

▍标题栏。打开一个文件以后，系统会自动创建一个标题栏。在标题栏中会显示该文件的名称、格式、窗口缩放比例及颜色模式等信息。

▍工具箱。工具箱默认位于工作界面的左侧，包含了Photoshop的常用工具。部分工具按钮的右下角带有一个黑色小三角形标记，表示这是一个工具组，将鼠标指针移到工具图标上，单击鼠标右键可展开隐藏的工具，如图2-3所示。选择工具箱中的工具后，一般需要在工作区中进行操作。

提示 在Photoshop 2020工具箱的魔棒工具组中，增加了对象选择工具。另外，还增加了一个用于绘制占位符的图框工具。它们的具体操作会在后面的章节详细讲解。

▍属性栏。在工具箱中选择任意工具后，位于菜单栏下方的属性栏中将显示当前工具的相应属性和参数，用户可对其进行更改和设置，如图2-4所示。

▍面板区。面板区位于软件界面的右侧，在初始状态下，面板区中一般会显示颜色、属性、图层等多个常用面板。这些面板主要用于配合图像的编辑、控制及参数设置等操作。面板区中的面板可执行“窗口”菜单下的命令来进行有针对性的选择显示。

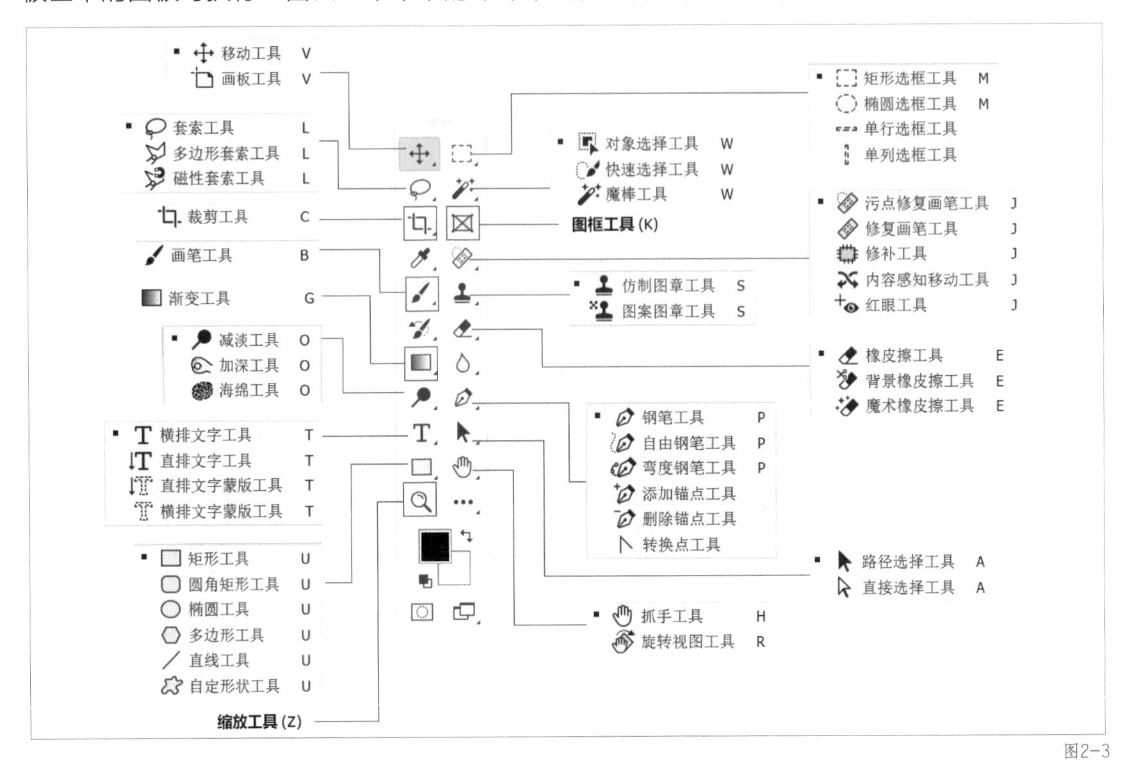

图2-3

图2-4

▌状态栏。状态栏位于工作界面的最底部，可以显示当前文档的大小、尺寸、当前工具和窗口缩放比例等信息。单击状态栏中的三角形图标 〉可以设置状态栏所显示的内容，如图2-5所示。

图2-5

提示 在进行一些操作时，部分面板几乎是用不到的，而操作界面中存在过多的面板会占用较多的操作空间，从而影响工作效率。因此，用户可自定义一个适合自己的工作区，以配合个人操作习惯。

执行“窗口-工作区-新建工作区”命令可将设置好的工作区保存下来，如图2-6所示。在弹出的对话框中为工作区设置一个名称，单击“存储”按钮即可存储工作区，如图2-7所示。也可根据工作内容在软件提供的默认工作区中进行选择。

如果工作区面板摆放凌乱或被误关闭了，执行“窗口-工作区-复位我的工作区”命令即可恢复原面板设置，如图2-8所示。

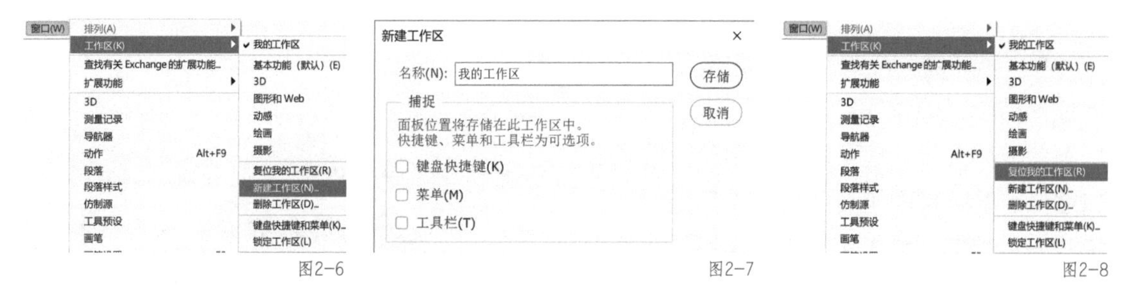

图2-6　图2-7　图2-8

第2节 视图的基本操作

在Photoshop 2020中打开图像文件时，系统会根据图像文件的大小自动调整其显示比例。用户可通过移动、缩放和旋转等操作来修改图像在窗口中的显示效果。

知识点 1 移动视图

使用工具箱中的抓手工具可移动画布，从而改变图像在窗口中的显示位置。使用抓手工具移动视图的具体操作是：选择工具箱中的抓手工具，将鼠标指针移动到图像窗口中，按住鼠标左键并拖曳图像至要显示的位置，然后释放鼠标左键即可，如图2-9所示。

提示 在选中任意工具的状态下按住空格键可快速切换抓手工具进行图像窗口的移动，松开空格键则回到当前所选择的工具。注意，当画布显示范围小于视窗时，抓手工具无效。

图2-9

知识点 2 缩放视图

编辑图像文件的过程中需要随时查看图像细节，以便进行更准确的编辑。

选择工具箱中的缩放工具直接在画布上单击，或在想要放大的位置按住鼠标左键向上拖曳都可以放大图像查看图像细节。想要缩小视图，则按住Alt键，当鼠标指针的加号变为减号时单击画布即可。此外，按快捷键Ctrl++可放大视图，按快捷键Ctrl+-可缩小视图。

在视图放大的情况下，如果想要快速浏览全图，可按快捷键Ctrl+0将图像按照屏幕大小进行缩放。如果想要查看图像的实际大小，可按快捷键Ctrl+1。

提示 在选中任意工具的状态下按住Alt键，向前滚动鼠标滚轮可放大视图，向后滚动鼠标滚轮可缩小视图。

知识点 3 旋转视图

使用旋转视图工具可以对当前图像窗口进行任意角度的旋转。使用旋转视图工具不仅不会破坏图像，还可以帮助用户更好地编辑图像。旋转视图工具在抓手工具组中，单击鼠标右键展开抓手工具组，单击“旋转视图工具”按钮，将鼠标指针移动到图像窗口中，然后按住鼠标左键即可顺时针或逆时针旋转图像，如图2-10所示。

提示 按Esc键可以快速将旋转后的视图恢复到初始状态。

图2-10

知识点 4 标尺工具

标尺工具在实际工作中经常用来定位图像或元素的位置，从而帮助用户更精确地处理图像。

打开文件后，执行“视图-标尺”命令，图像窗口顶部和左侧将出现标尺。在默认情况下，标尺的原点为图像左上角，如图2-11所示。用户可以修改原点的位置，将鼠标指针放置在标尺左上角的交叉位置，然后按住鼠标左键拖曳原点，画面中会显示十字线，释放鼠标左键后，释放处便成为原点的新位置，并且此时的标尺上的数字也会发生变化，如图2-12所示。

图2-11

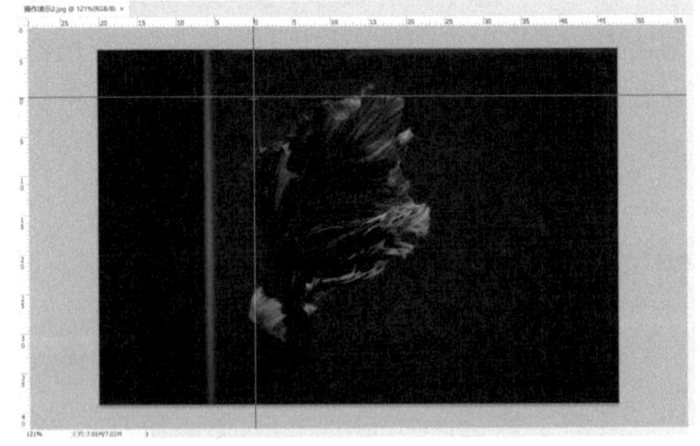

图2-12

将鼠标指针移到标尺上方单击鼠标右键可修改标尺的单位，如图2-13所示。

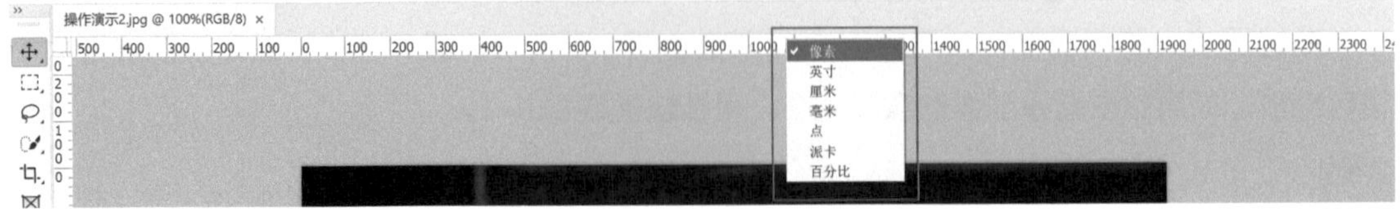

图2-13

提示 按快捷键Ctrl+R可以控制标尺的显示或隐藏。

知识点5 参考线

参考线多用于固定图像的位置和作为图像对齐的参考。在进行网页设计或排版时，可使用参考线进行区域的规划。

调出标尺后，将鼠标指针移到标尺上方，按住鼠标左键，并拖曳可得到参考线。在水平和竖直方向上都可建立参考线，如图2-14所示。将鼠标指针移到参考线上，按住鼠标左键拖曳参考线到标尺上可删除参考线，或执行“视图-清除参考线”命令删除所有的参考线。

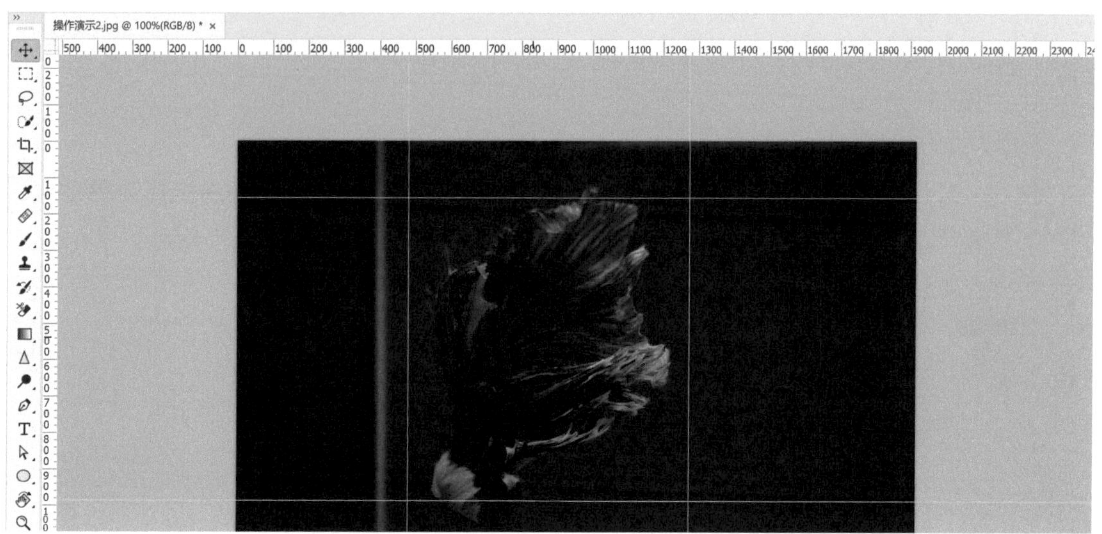

图2-14

提示 按快捷键Ctrl+;可隐藏或显示参考线。

第3节 文件的基本操作

在Photoshop中，文件的基本操作包括打开、新建、存储和关闭等。执行相应命令或按相应快捷键即可完成操作。

知识点1 打开文件

在Photoshop中打开文件的方法有很多种，这里针对几种常用的打开文件的方法进行讲解。

1. 通过主界面打开文件

启动软件后，在默认界面上可以单击“打开”按钮来打开图片，如图2-15所示。

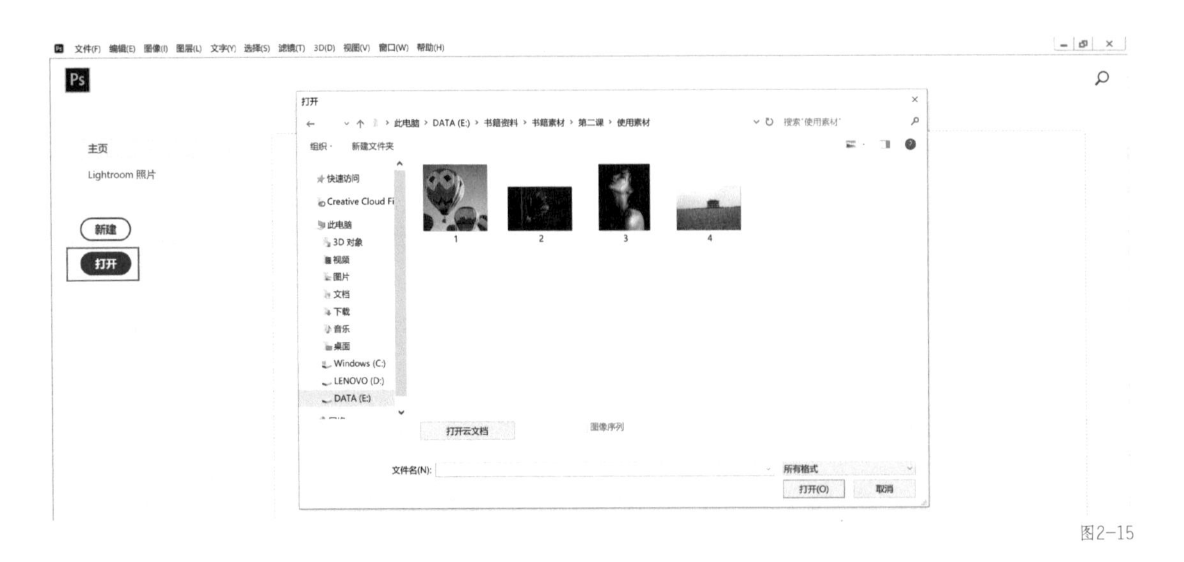

图2-15

2. 使用“打开”命令打开文件

执行“文件-打开”命令，或按快捷键Ctrl+O，然后在弹出的对话框中选择需要打开的文件，接着单击“打开”按钮或直接双击文件，都可以打开文件，如图2-16所示。

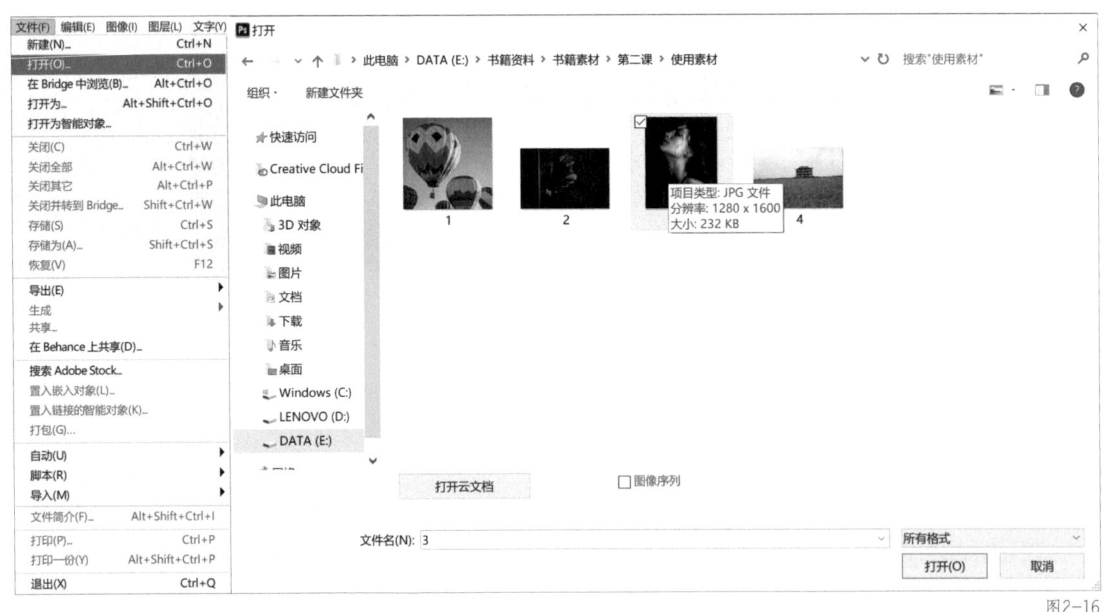

图2-16

3. 使用“打开为智能对象”命令打开文件

智能对象是指包含栅格图像或矢量图像的数据的图层，它将保留图像的源内容及其所有原始特性，因此可以对该图层进行非破坏性的编辑。执行“文件-打开为智能对象”命令，然后在弹出的对话框中选择一个文件将其打开，该文件将以智能对象的形式打开，如图2-17所示。

图2-17

4. 使用“最近打开文件”命令打开文件

Photoshop可以保存最近使用过的文件的打开记

录，执行“文件-最近打开文件”命令，在其子菜单中可快速找到最近打开的文件，单击文件名即可将其打开，如图2-18所示。执行其子菜单底部的“清除最近的文件列表”命令可以删除历史打开记录。

5. 使用快捷方式打开文件

使用快捷方式打开文件的方法主要有以下两种。

▌选择一个需要打开的文件，然后将其拖曳到Photoshop的应用程序图标上打开。

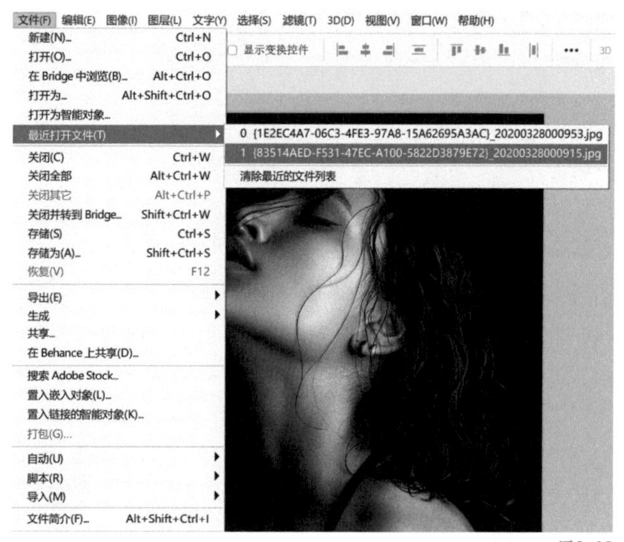

图2-18

▌如果软件已经运行，直接将文件拖曳到标题栏上方，即可以独立标题栏的形式打开文件。如果将文件拖曳到画布内，可在画布中将文件打开为智能对象图层。

知识点 2 新建文档

新建文档可以设置文件名、宽度、高度、画布背景颜色等。

执行“文件-新建”命令，或按快捷键Ctrl+N，打开新建文档对话框，在其中可以设置新文档的名称和参数等，如图2-19所示。在新建文档对话框中首先需要对文件进行命名，然后需要设置其宽度和高度，以及宽度和高度的单位。在单位的选择上，如果文件最终是呈现在屏幕上的，则其单位一般设置为像素，分辨率设置为72像素/英寸，颜色模式设置为RGB 8位（常用尺寸1080像素x1920像素）；如果是使用在印刷品上的，一般会设置为毫米或厘米这样的长度单位，分辨率会设置为300像素/英寸，颜色模式会设置为CMYK 8位（常用尺寸210毫米x297毫米）。在新建文档对话框中，还可以设置画布的背景颜色和方向等。

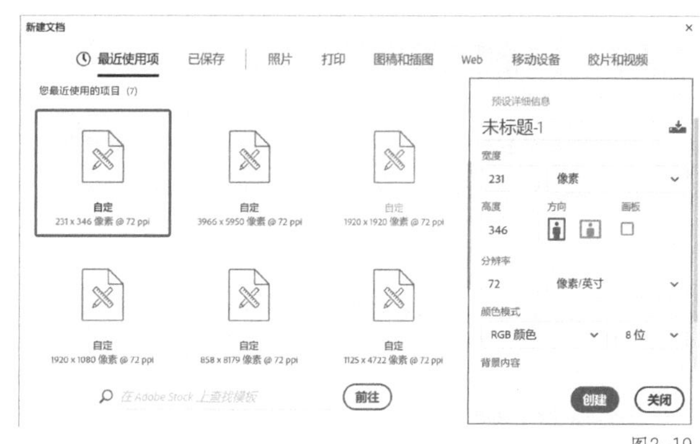

图2-19

提示 新建文档对话框左侧提供了各种规格的文档，可根据需要直接选择预设文档进行新建。

知识点 3 存储文件

处理完文件后，需要对文件进行保存。保存文件的操作是执行“文件-存储”命令或按快捷键Ctrl+S。在系统弹出的另存为对话框中可以设置文件保存的名称、位置和格式等，如

图2-20所示。

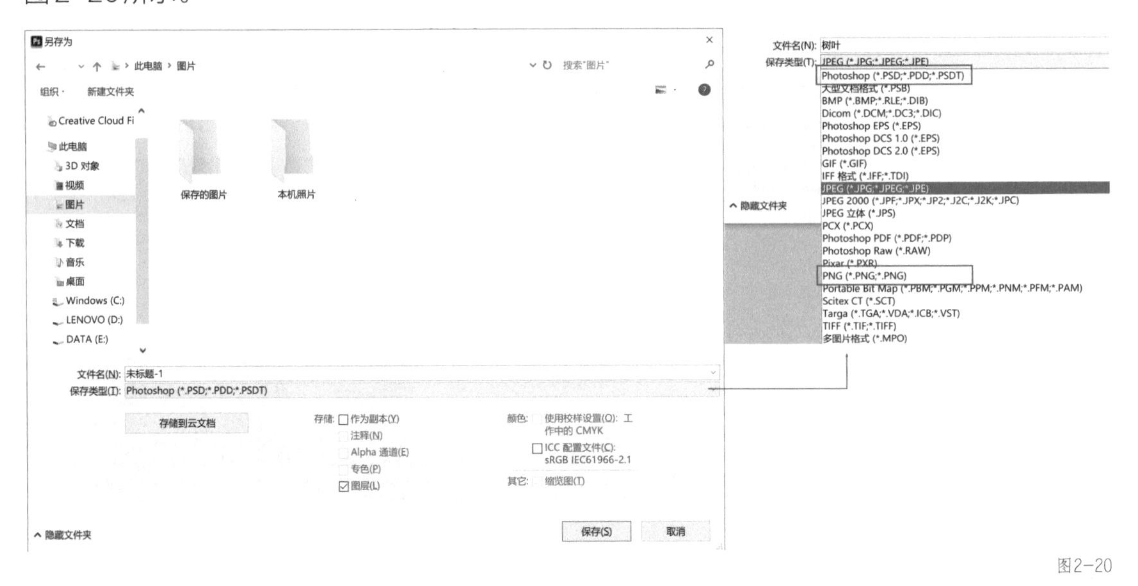

图2-20

保存文件时，需要养成良好的文件命名习惯，应根据文件的内容或主题来命名，这样可以更好地对文件进行整理。

如果需要保存带图层的文件，可以将文件的保存类型选择为PSD；如果需要保存图片的透明背景，可以将文件的保存类型选择为PNG；如果只需要将文件存储为普通的位图，将文件的保存类型选择为JPG即可。在软件操作过程中，还要养成随时保存的好习惯，经常按快捷键Ctrl+S保存文件，这样可以避免遇到突发情况而丢失文件。

提示 如果想存储副本文件可执行“文件-存储为”命令，或按快捷键Ctrl+Shift+S重新命名、设置存储位置。

知识点 4 关闭文件

文件编辑结束后可执行“文件-关闭”命令，或按快捷键Ctrl+W，或单击文档标题栏右侧的“关闭”按钮 × ，关闭当前处于激活状态的文件。使用这几种方法关闭文件时，其他文件将不受任何影响，如图2-21所示。

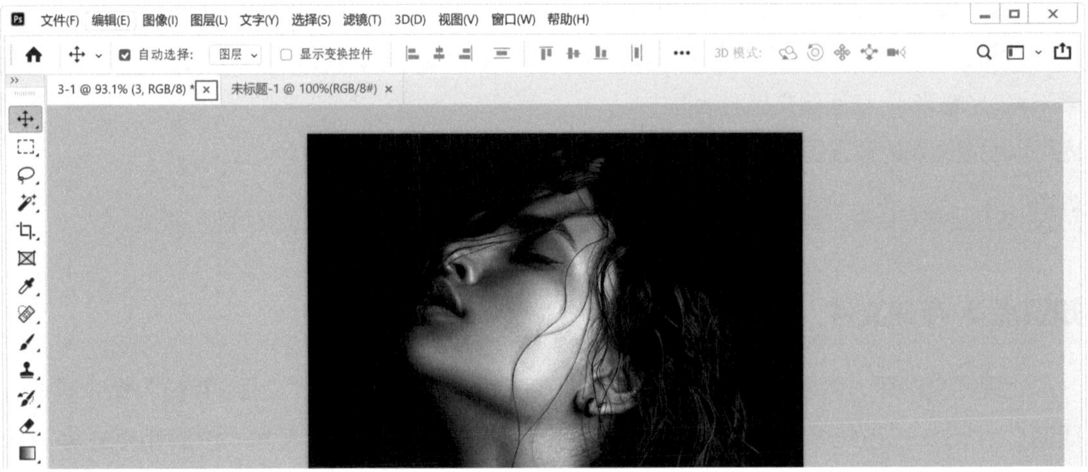

图2-21

提示 执行“文件-关闭全部”命令或按快捷键Ctrl+Alt+W，可以关闭所有的文件。按快捷键Ctrl+Q可关闭软件。

第4节 更改图像尺寸

在练习和工作中，需要更改图像尺寸的情况有很多，在Photoshop中执行“图像-图像大小”命令和“图像-画布大小”命令，以及使用裁剪工具都能满足更改图像尺寸的需求。

知识点 1 更改图像大小

设计工作中比较常见的更改图像大小的情况是将图像以固定的宽或高等比缩小。如果需要将作品发布到多个平台上，不同的平台、作品都会有不同的尺寸要求，这时也需要更改图像大小。

更改图像大小的方法是执行“图像-图像大小”命令，或按快捷键Ctrl+Alt+I，打开图像大小对话框，如图2-22所示，在对话框中更改高度和宽度的数值。在宽度和高度的左侧有一个锁链按钮，用于锁定长宽比，一般情况下会将其选中，避免图片拉伸变形。在该对话框中还有“重新采样”选项，这个选项可以根据图片处理情况与图片特点进行设置，一般情况下设置为“自动”即可。

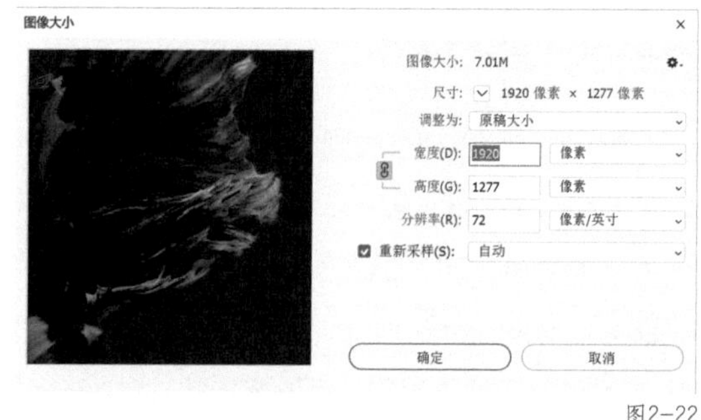

图2-22

更改图像大小实际上是更改图像的像素，像素的修改是不可逆的，因此更改图像大小时最好先存储一个副本再进行修改，保存原图可以留下更多的修改空间。

知识点 2 更改画布大小

画布就像画画的纸，是Photoshop中进行图像创作的区域，工作区显示的大小就是画布的大小，操作时可以根据需求对画布大小进行调整。新建文档时设置的文档尺寸就是画布大小，由于在设置画布大小时无法准确判断作品最终的尺寸，因此需要对画布大小进行调整。

更改画布大小的方法是执行“图像-画布大小”命令，或按快捷键Ctrl+Alt+C，打开画布大小对话框，如图2-23所示，在对话框中调整画布的宽度和高度。

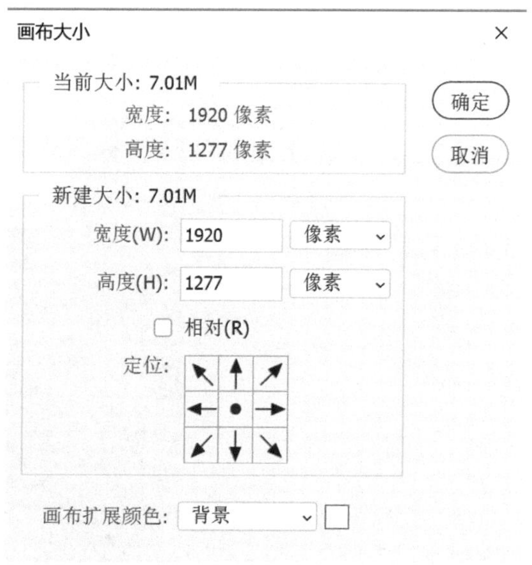

图2-23

“定位”可设定画布以哪个方向为起点进

行延展或收缩，例如，若以中间为起点将画布加宽200像素，画布左右两边将同时延展100像素，如图2-24所示；设置以右侧为起始点则画布向左侧延展200像素，如图2-25所示。

图2-24

图2-25

知识点 3 裁剪工具

选中工具箱中的裁剪工具 后，画布上会出现8个控点，拖曳这些控点可以对画布进行裁剪，裁剪框中颜色较鲜艳的部分就是要保留的部分，如图2-26所示。

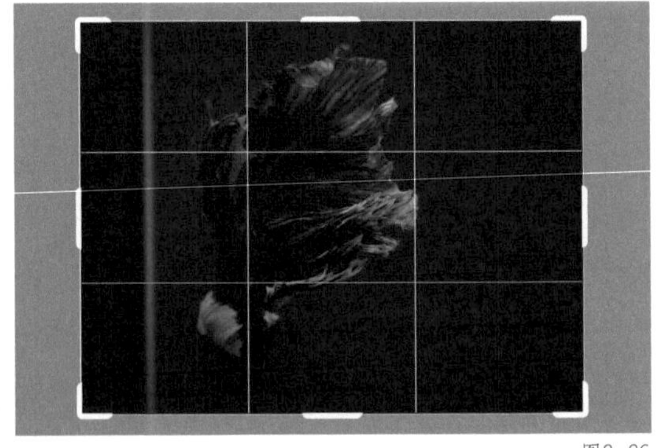
图2-26

在使用裁剪工具时，可以在属性栏中选择按比例裁剪的选项。例如要将图片裁剪成正方形，可以选择“1 ∶ 1”选项。裁剪框中会显示参考线，系统默认为“三等分”参考线，在属性栏中可以根据需求选择其他的参考线，如图2-27所示。参考线可以在裁剪时辅助构图，如利用三分构图法将主体物放到参考线的交点处，这样裁剪出来的构图一般是比较好看的，如图2-28所示。

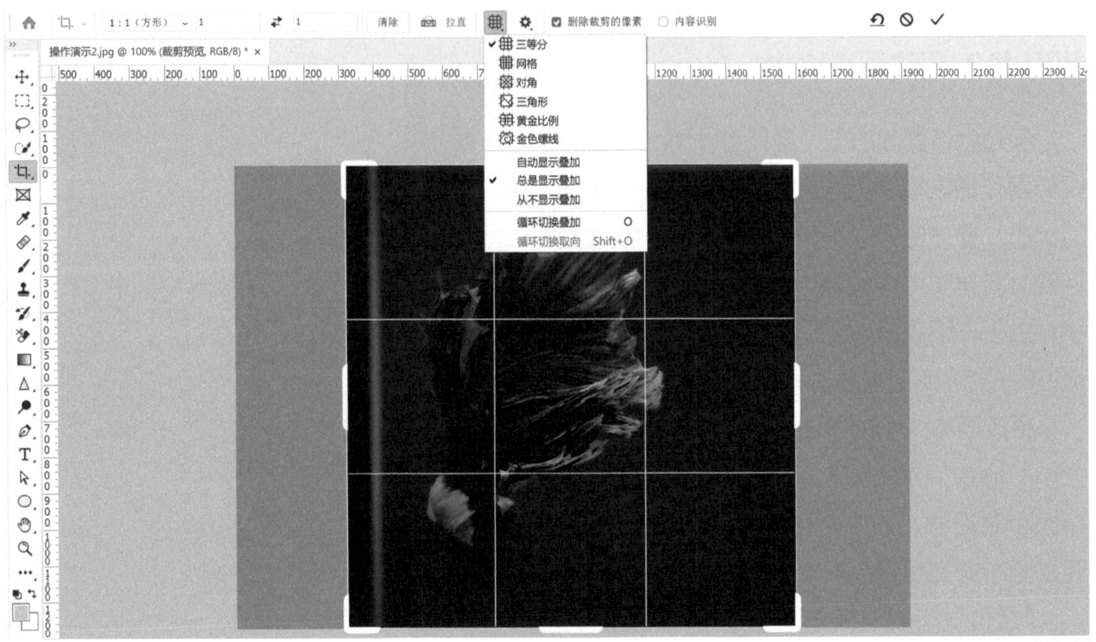

图2-27

裁剪工具的属性栏中有“删除裁剪的像素”选项，如果勾选这个选项，裁剪的像素将被删除，再次裁剪时无法重新对原图的像素进行操作，因此建议不勾选该选项。保留原图的像素可以保留更多的编辑机会。确认裁剪效果后按Enter键即可完成操作。

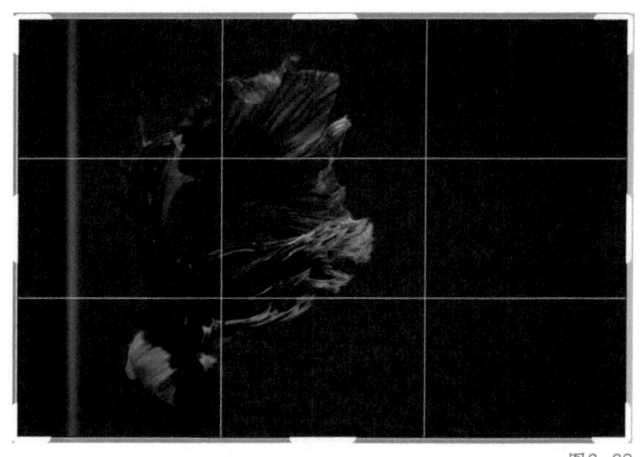

图2-28

如果拍照片的时候不小心把照片拍歪了，如图2-29所示，使用裁剪工具属性栏中的拉直功能可以让照片“变废为宝”。选择裁剪工具，在其属性栏中单击“拉直”按钮，在画面上画出参考线，系统就会根据画出的参考线对图片进行拉直，拉直效果如图2-30所示。

图2-29

图2-30

在拉直的过程中，系统会默认裁剪图片的一些边角，如果在拉直的过程中不想损失像素，可以在属性栏中勾选“内容识别”选项，勾选该选项后，系统将根据图像自动补全缺失的像素。

本课练习题

1. 选择题

（1）下列哪些操作可以实现视图的缩放？（　　）。

A. 选择工具箱中的放大镜工具并单击画布　　B. 按住Alt键滚动鼠标滚轮

C. 按住空格键　　D. 按快捷键Ctrl++放大视图

（2）下列哪些操作可以在Photoshop中打开文件？（　　）。

A. 按快捷键Ctrl+O　　B. 在文件夹中选择图像并将其拖曳到软件图标上

C. 执行“文件－打开”命令　　D. 按快捷键Ctrl+Q

（3）下列哪些快捷键可以实现文件的存储？（　　）。

A. Ctrl+S　　B. Ctrl+Shift+S　　C. Ctrl+W　　D. Ctrl+Q

参考答案：（1）A、B、D；（2）A、B、C；（3）A、B。

2. 判断题

（1）更改图像大小和更改画布大小是相同性质的操作。（　　）

（2）只有在标尺显示的状态下，才可以拖曳出参考线。（　　）

参考答案：（1）×；（2）√。

3. 操作题

请将图2-31所示的图像修改为宽1000像素的图像且保持图像比例不变；再将其裁剪为高3000像素、宽度不变的图像，并将图像分别存储为PSD格式和JPG格式。

请将图2-32所示的PSD文件另存为PNG格式的文件。

图2-31

图2-32

操作题要点提示

1. 使用快捷键Ctrl+Alt+I可以修改图像大小。

2. 使用快捷键Ctrl+Shift+S可以存储文件副本，存储时可以设置文件的名称、格式等。注意将图像分别另存为PSD和JPG格式。

3. 使用快捷键Ctrl+Alt+C可以修改画布大小。

第 3 课

图层的使用

图层是Photoshop的重要功能，在Photoshop中绝大部分的操作都是在图层中进行的。图层最大的作用就是将对象分离。分离对象后，可以对单个或多个对象进行操作，同时不会影响其他对象，有利于反复打磨作品细节，打造画面层次。

本课知识要点

◆ 图层的基本操作

◆ 图层间的关系

◆ 图像自由变换

◆ 合并与盖印图层

第1节 图层的基本操作

图层的大部分操作需要使用“图层”面板，如图3-1所示。“图层”面板在大部分预设工作区界面中均有显示。如果无法找到“图层”面板，可以执行“窗口-图层”命令或单击快捷键F7将其打开。图层的所有功能都可以在图层菜单中找到。

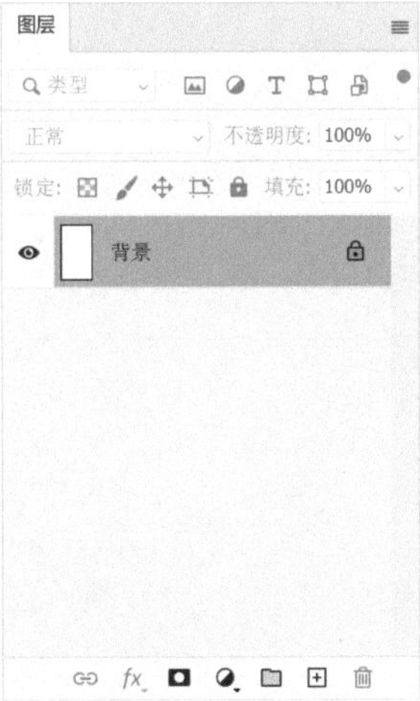

图3-1

本节将讲解图层原理、新建图层、选中图层、更改图层不透明度、重命名图层、复制图层、创建图层组、删除图层、隐藏图层、锁定图层等图层的基础操作。

知识点 1 图层的原理

图层就像是包含文字或图形等元素的胶片，一张张按顺序叠放在一起，组合起来形成页面的最终效果，如图3-2所示。

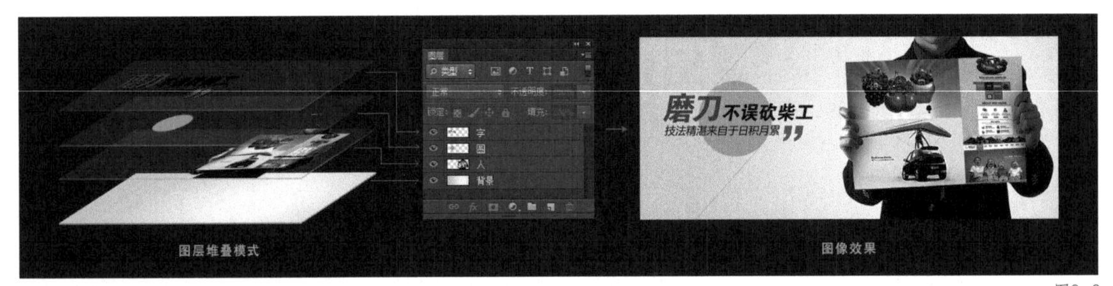

图3-2

图像处理的任何操作都需在图层中完成，图层的内容可在“图层”面板中查看，每个图层中的内容都可以独立操作和修改，且不会影响其他图层中的内容。

知识点 2 新建图层

新建图层的方法有很多，最简单的方法就是单击“图层”面板下方的“创建新图层”按钮⊞。使用这个方法可以直接创建一个新的透明图层，如图3-3所示。执行“图层-新建-图层”命令，或按快捷键Ctrl+Shift+N，也可以新建图层。

使用文字工具、形状工具等工具时，系统会自动新建图层。除此以外，使用移动工具，将图片素材直接移动复制到画面中，也将新建图层，如图3-4所示。

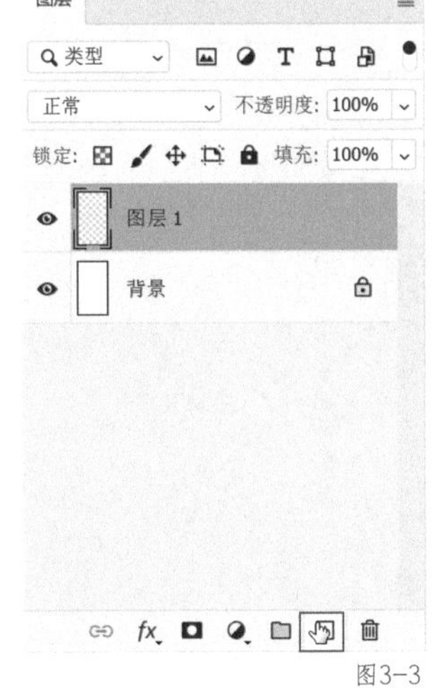

图3-3

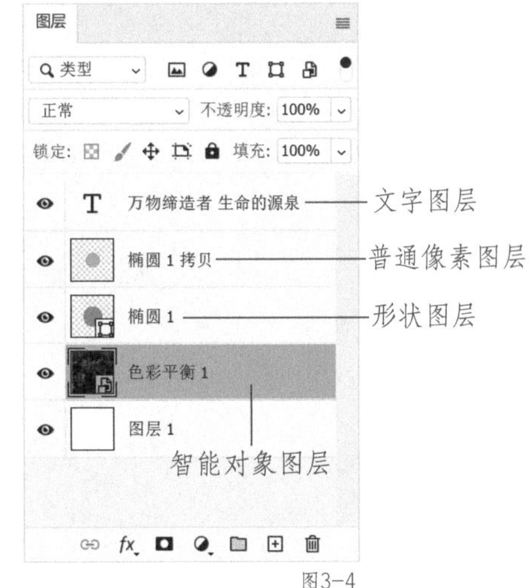

图3-4

提示 使用文字工具、形状工具创建的图层不是普通的像素图层，不能使用画笔工具等修改图层像素。若需要对其进行编辑，需要选中图层后，单击鼠标右键，在弹出的菜单中执行“栅格化图层”命令，才能将其转换为普通的像素图层。此外，从文件夹置入的图像系统默认将其创建为智能对象图层，无法进行破坏性编辑，编辑时也需要对其进行栅格化才能转换为普通图层。

知识点 3 选中图层

选中图层的方法分为两种情况，一种是在“图层”面板选中图层，另一种是在工作区选中图层。

1. 在“图层”面板选择图层

直接在“图层”面板中单击可选中图层。按住Ctrl键单击图层可以选中多个不连续图层，如图3-5所示。按住Shift键单击一个图层再单击另一个图层，可以选中两个图层之间连续的多个图层，如图3-6所示。单击“图层”面板下方空白位置可取消所有图层的选择。

图3-5 图3-6

2. 使用移动工具选择图层

在使用移动工具的情况下，如果勾选了属性栏的“自动选择”选项，如图3-7所示，在工作区中单击图像，即可选中对应的图层。勾选“自动选择”选项容易产生误操作，因此不建议勾选该选项。若不勾选该选项，按住Ctrl键，可单击画布中的图像来选择图层，如果想要选择多个图层，可以同时按住Ctrl键和Shift键，然后再选择画布中的图像。

图3-7

提示 选中多个图层后，若想取消某个被选中图层，可按住Ctrl键，单击被选中图层或在画布中同时按住Ctrl键和Shift键，单击被选中图层进行取消。在使用移动工具的状态下按住Ctrl键，在画布上拖曳鼠标指针，被框选的图像图层可同时被选中。

知识点 4 更改图层不透明度

在“图层”面板中选中图层后可以修改图层的不透明度。以图3-8为例，首先选中椭圆1图层，在“图层”面板的不透明度设置区域拖动控点，或输入数值调整不透明度，如输入“50”，即可将椭圆1图层的不透明度修改为50%，效果如图3-9所示。使用移动工具的状态下，选中图层并输入数字，可快速修改图层不透明度。

图3-8

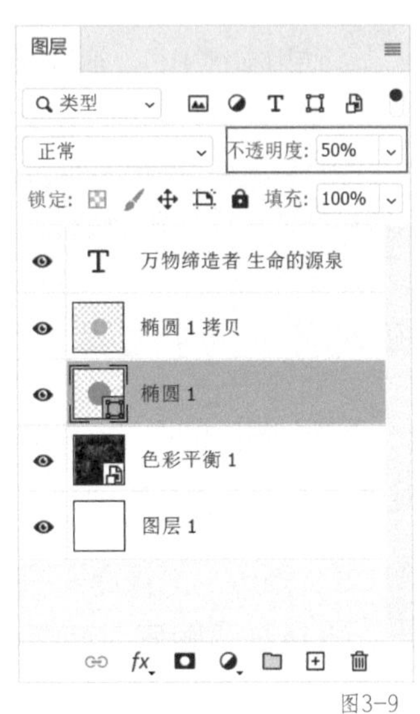

图3-9

知识点 5 重命名图层

如果图层全部使用系统默认的名称，那么在图层很多的情况下，想要找到目标图层将耗费很多时间。因此，在进行图像处理或图像创作时，要养成良好的命名习惯，即按照图层的内容对图层进行命名。

使用图层菜单新建图层（快捷键为Ctrl+Shift+N）时，可以在弹出的新建图层对话框中直接修改图层名称，如图3-10所示。然而，并不是每一个新建的图层都能先进行命名，因此大部分图层需要在确定内容后进行重命名。重命名的方法是双击目标图层的名称区域，进入更改图层名称的状态，如图3-11所示，输入图层名称并按回车键。

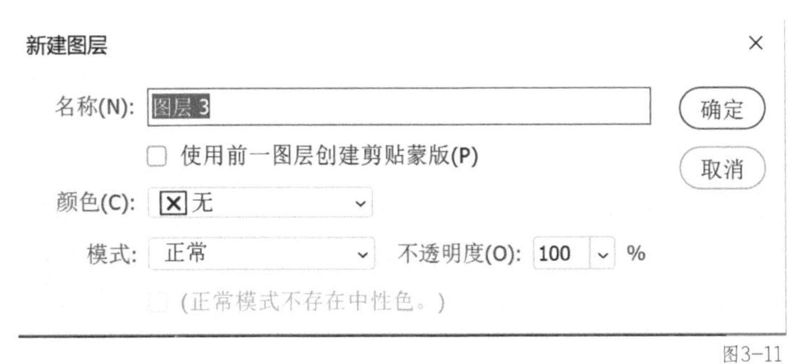

图3-11

图3-10

知识点 6 复制图层

复制图层可以快速添加重复的图像，减少重复操作。复制图层的方法是在“图层”面板中选中图层后，在目标图层上单击鼠标右键，在弹出的菜单中执行“复制图层”命令，打开复制图层对话框，如图3-12所示，在对话框中修改复制图层的名称。按快捷键Ctrl+J可以直接复制图层，按住鼠标左键不松手并拖曳选中图层到下方“创建新图层”按钮上也可复制图层。在使用移动工具的情况下，按住Alt键并拖动图像可以复制图像，也将复制图层。

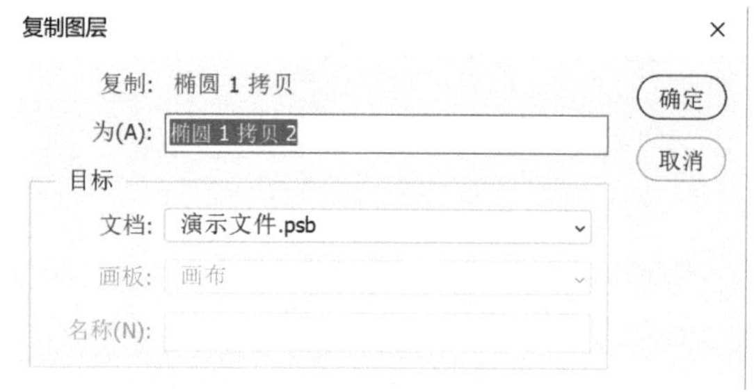

图3-12

知识点 7 创建图层组

创建图层组可以将关联的图层组合在一起，方便对多个图层进行移动或自由变换的操作。

创建图层组的方法是，选中图层，按快捷键Ctrl+G，或单击鼠标右键，在弹出的菜单中执行“从图层建立组”命令。在弹出的从图层新建组对话框中可对图层组进行命名，如图3-13所示。创建成功后“图层”面板状态如图3-14所示。

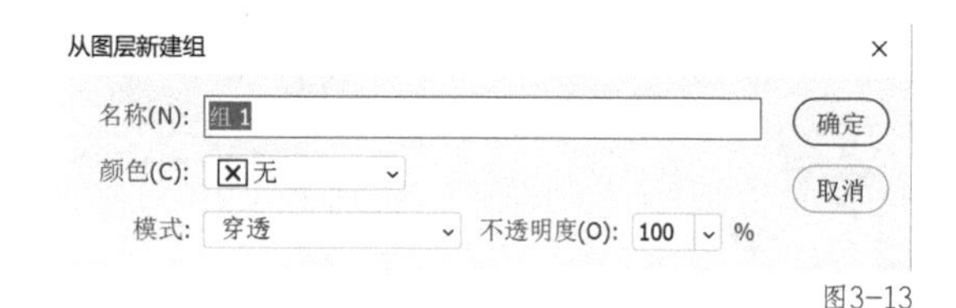

图3-13

单击“图层”面板下方的“创建新组”按钮 能在“图层”面板中创建一个新组。创建新组后可将需要编组的图层直接拖进组中，或直接在组中创建新图层。

需要注意的是，想要在画布上移动图层组的所有图层，需要取消移动工具的“自动选择”选项。当移动工具属性栏中选择图3-15所示的“组”选项时，在画布中选择组中某个图像，只能选中其所在的组，不能单独选择组中的单个图层。组以外的独立图层不受此设置影响。

在图层较多的文件中，编组非常重要，可以帮助划分图层内容，因此在工作中需要养成给图层编组的好习惯。

图3-14

提示 选中组后，按快捷键Ctrl+Shift+G可以取消编组。

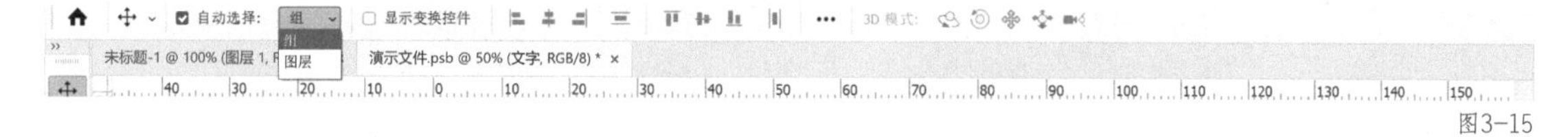

图3-15

知识点 8 删除图层

对于错误、重复、多余的图层，可以在“图层”面板中将其删除。删除图层的方法有很多，在“图层”面板中选中需要删除的图层后，可以按Delete键或单击“图层”面板下方的删除按钮 ，也可以将图层拖到“图层”面板下方的删除按钮上，然后松开鼠标左键来删除图层。

提示 删除图层组的方法与删除图层的方法相同，展开图层组可选择组内单个图层进行删除。

知识点 9 隐藏图层

在图层较多的情况下，图层会互相遮挡，有时候会干扰操作。因此，为了准确调整画面，有时需要将部分图层隐藏起来。在“图层”面板中可以调节图层的显隐关系，单击图层前方的眼睛图标 可以改变图层的显隐关系。图层前面的眼睛图标显示时，该图层为显示状态，如图3-16所示，图层前面的眼睛图标隐藏时，该图层为隐藏状态，如图3-17所示。

图3-16

图3-17

使用隐藏图层还可以对比修图前后的效果。图3-18为调整后的图片，如果想要对比调整前后的效果，可以选中背景图层，然后按住Alt键，单击图层前方的眼睛图标，就能隐藏除了该图层以外的所有图层，显示出原图的状态，如图3-19所示。

图3-18

图3-19

知识点 10 锁定图层

在图层比较多的情况下，可以先将一些已经调整好的图层，或一些暂时不需要改动的图层锁定起来，避免误操作。

锁定图层的方法是选中图层后，在“图层”面板中单击相应的锁定图标。最常用到的是锁定全部按钮 ，单击此按钮后，图层中所有像素都被锁定，不能做任何修改。较常用的还有锁定透明像素按钮 和锁定图像像素按钮 。选中图层，单击锁定透明像素按钮后，只能对该图层图像像素部分进行修改；选中图层，单击锁定图像像素按钮后，只能调整图像位置，不能更改像素。

锁定图层后，在“图层”面板中该图层后方将显示锁定图标，如图3-20所示。若需要解锁图层，单击图层上的锁定图标即可。

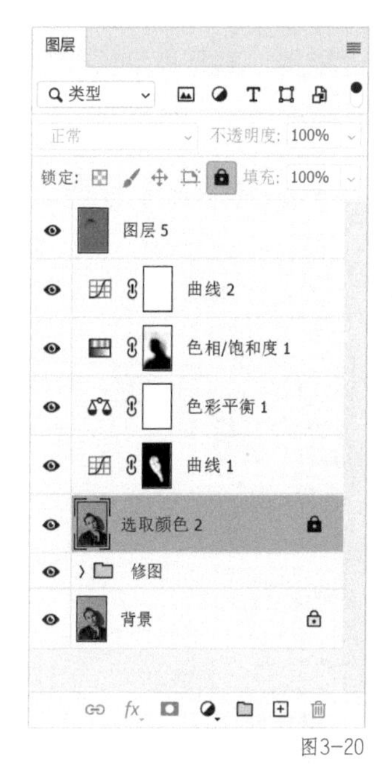

图3-20

第2节 图层间的关系

图层之间是相互关联的。图层间存在位置关系，如图层的上下关系、对齐关系等。

知识点 1 图层的上下关系

图层的上下关系，也被称为层叠关系，体现在画面中就是在上方的图层会遮盖下方的图层。在“图层”面板中可以清晰地看出图层的上下关系，图3-21中各张图片对应图层的上下关系如图3-22所示。

图3-21

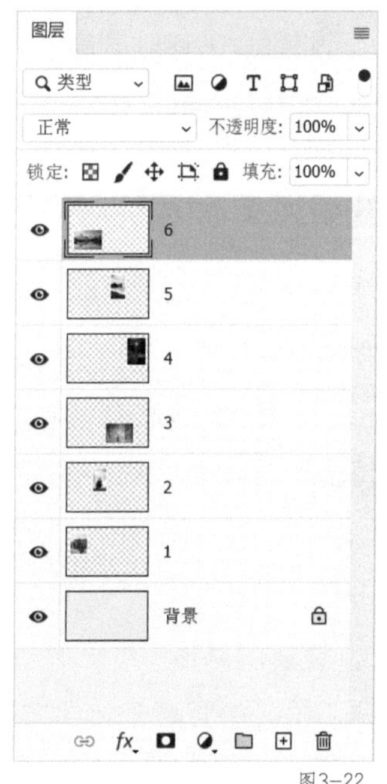

图3-22

想改变图层的上下关系，可以直接在“图层”面板中拖动图层的位置。以图3-21为例，想要将图层2置于图像的最上方，可在“图层”面板中选中该图层，按住鼠标左键不松手并向上拖曳，直到拖到图层6之上出现蓝色双线效果，如图3-23所示，松开鼠标，即可完成图层位置的调整，如图3-24所示。

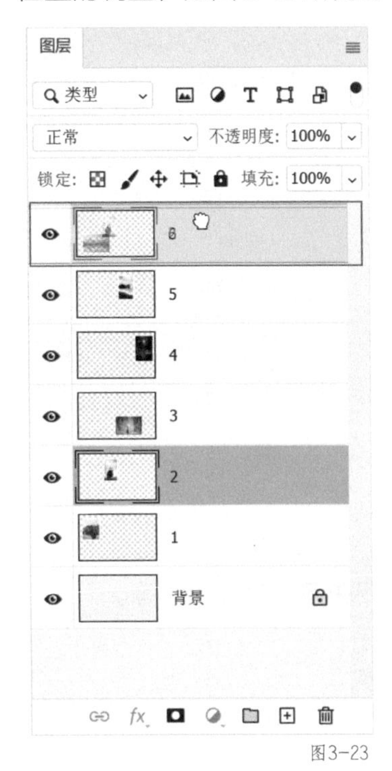

图3-23

图3-24

提示 选中图层后，也可以通过快捷键来更改图层的上下位置，将图层向下移动一层的快捷键为Ctrl+[，将图层向上移动一层的快捷键为Ctrl+]。

将图层下移动到最下一层的快捷键为Shift+Ctrl+[，将图层向上移动到最上一层的快捷键为Shift+Ctrl+]。

知识点 2 图层的对齐和分布关系

图层除上下关系外，还有对齐关系以及分布关系。在进行设计排版时，图像之间有序的对齐和分布会使画面视觉富有节奏感。

图层的对齐和分布是以图层中像素的边缘为基准的。移动工具选中多个图层后，属性栏中将出现图层对齐和分布的选项，如图3-25所示。

自动选择: 图层 显示变换控件 ••• 3D 模式:

图3-25

1. 图层的对齐

图层主要基于水平方向和垂直方向对齐，以图3-26为例，如果需要将三个色块进行水平方向上的对齐，那么在“图层”面板中选中对应的图层后，单击属性栏的对齐按钮即可。注意，图像的对齐是以图层中的像素为基准的，垂直方向上的对齐原理依此类推，效果如图3-27所示。

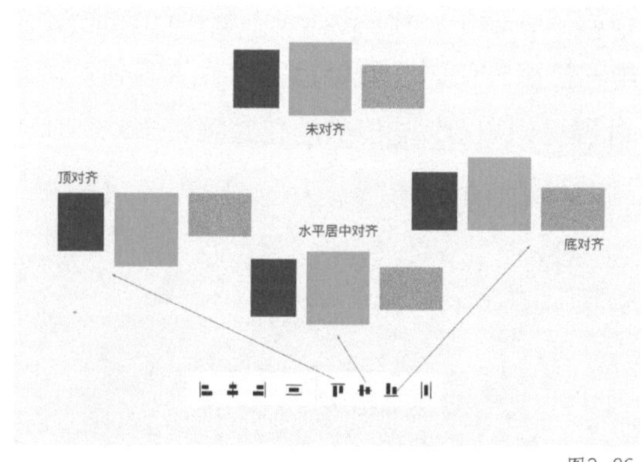

图3-26

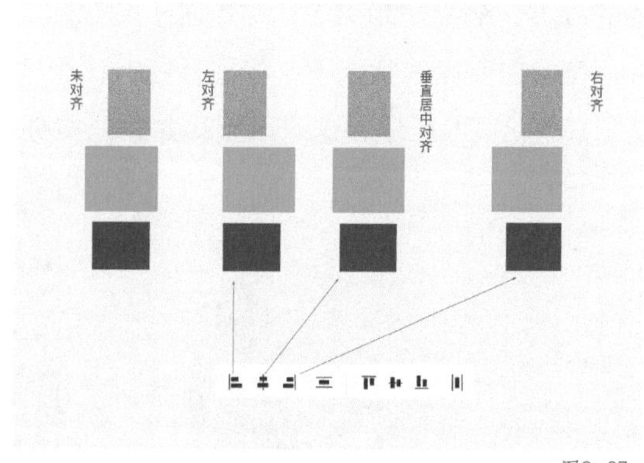

图3-27

2. 图层的分布

图层的分布也同样是以图层中像素的边缘为基准的，可快速实现同一方向上的图像之间进行等距离的排列。以图3-28为例，如果需要三个图形之间进行等距离的排列，那么在“图层”面板中选中对应的图层后，单击属性栏的分布按钮，即可，垂直方向的分布原理依此类推。

提示 执行对齐命令至少需要选中2个图层，执行分布命令至少需要选中3个图层。

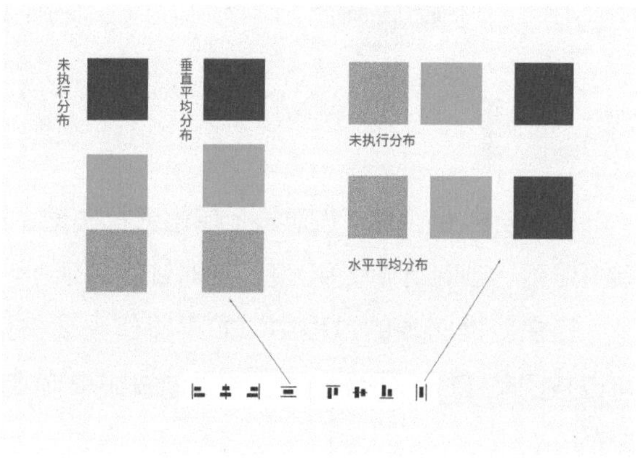

图3-28

第3节 图像自由变换

自由变换功能主要可以对对象进行放大、缩小和改变形状。

当一张图片被拖入画布后，通常需要将其缩放至合适的大小，还需要使用透视、变形等功能让图片与画面更加融合。在实际工作中，自由变换功能被使用得非常频繁，如VI设计中将Logo或图案贴到样机上展示给客户，在商业修图领域，对人像和产品进行修形、优化时也需要用到自由变换功能。

知识点 1 自由变换的基本操作

选中图像执行“编辑-自由变换”命令或按快捷键Ctrl+T即可让该图层进入自由变换的状态，如图3-29所示。

进入自由变换状态后，拖曳8个控点的位置即可对对象进行等比例放大或缩小。注意，使用Photoshop CC 2019前的版本，需要按住Shift键再拖曳控点，才能实现对象的等比例放大或缩小。而在CC 2019版本和2020版本中，按住Shift键再拖曳控点将对对象进行不等比例的放大、缩小。如果想让对象基于图像中心进行放大、缩小，可以按住Alt键再拖曳控点。

在自由变换的状态下，将鼠标指针移至四个角的控点外侧时，鼠标指针将变为带弧度的箭头，如图3-30所示，这时可旋转对象，按住Shift键可以以5° 的倍数旋转对象。

图3-29

图3-30

使用自由变换时，在对象上单击鼠标右键，还可以在弹出的菜单中选择"透视、变形、旋转180度、顺时针旋转90度、逆时针旋转90度、水平翻转、垂直翻转"等操作。

自由变换对象的过程中，如果操作出现失误，可以按Esc键退出；如果满意调整结果，可以按回车键或单击属性栏上的对勾按钮 ✓ 确定变换效果。

提示 每一次自由变换都会改变图像的像素，图像经过多次自由变换后清晰度会下降。在进行自由变换前，可先选中图层，单击鼠标右键，在弹出的菜单中执行"转换为智能对象"命令，将普通图层转换为智能对象图层，对智能对象进行多次自由变换其清晰度不会下降。

知识点 2 透视

自由变换除了可以做简单的缩放外，也可以制作一些带透视的展示图。图3-31是一张已完成的广告海报，如果想将其贴到一个实地的场景中查看其实际展示效果，就需要运用自由变换来改变其透视。

首先使用移动工具，将海报拖动复制到图3-32所示的背景素材中，接着按快捷键Ctrl+T对其进行自由变换。先进行缩放，将海报大致对准需要贴图的位置后，再按住Ctrl键并拖曳4个控点的位置，如图3-33所示。更改好透视后按回车键，实地场景贴图的效果如图3-34所示。

提示 自由变换的状态下按快捷键Shift+Alt+Ctrl，将鼠标指针移到角点上并拖曳可对图形做梯形透视调节。

图3-31

图3-32

图3-33

图3-34

知识点 3 变形

利用自由变换中的变形功能可以给图像制作带弧度效果的贴图效果，如将图3-35的图案贴到图3-36所示的罐子上。

首先打开图3-35，使用移动工具将其移动复制到图3-36的罐子素材中，然后使用自由变换缩小尺寸，调整图案的宽度与罐子等宽。在自由变换状态下单击鼠标右键，在弹出的菜单中执行“变形”命令，得到带有调柄的定界框，根据贴图产品的弧度调节调柄，如图3-37所示，在调整好位置后按回车键，这样罐子的贴图就完成了，效果如图3-38所示。

提示 贴图时为了使图像更好地贴合产品轮廓，可适当降低图案的图层不透明度，调节好效果后再将不透明度恢复为100%即可。若希望贴图效果更自然，可适当修改贴图图层的图层混合模式。

图3-35

图3-36

图3-37

图3-38

知识点 4 变换复制

使用自由变换命令进行旋转、缩放等操作后，结合重复变形命令（快捷键为Shift+Alt+Ctrl+T）可制作出更多特殊的图形效果。

以使用图3-39中的热气球制作特殊图案为例，首先选中热气球图像按快捷键Ctrl+J复制一层，然后选中复制图层执行自由变换命令，适当缩小图像，并将图像移动位置，按住Alt键将中心点拖曳到定界框外侧，接着按住鼠标左键对图像进行一定角度的顺时针旋转，如图3-40所示。选中变换后图像，按快捷键Shift+Alt+Ctrl+T多次重复之前的操作，可得到不断重复变换的图像，最终效果如图3-41所示。

图3-39

图3-40

图3-41

提示 在Photoshop 2020中执行自由变换命令生成的定界框默认不显示中心点。执行“编辑-首选项-工具-在使用‘变换’时显示参考点”命令可以显示中心点。

针对智能对象图层，变换复制命令不可用，若需要执行该命令，则需要先将图层栅格化。

知识点5 翻转

使用自由变换中的翻转功能可以给对象做倒影来增加质感。

打开图3-42，选中礼品，使用移动工具，按住Alt键复制图层。按快捷键Ctrl+T使复制出的礼品图层进入自由变换的状态，单击鼠标右键，在弹出的菜单中执行“垂直翻转”命令，并将翻转后的礼品调整到合适的位置。最后，还可以使用橡皮擦工具轻擦图像进行过渡，让效果更自然，如图3-43所示。

图3-42

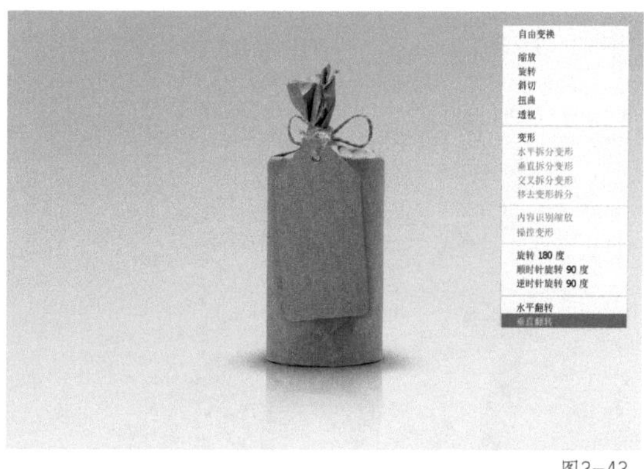

图3-43

知识点6 内容识别缩放

在自由变换中还有一个隐藏的秘密武器，那就是内容识别缩放。如果想将图3-44运用在一张长图之中，只延长背景，不改变人物的大小可以怎么做呢？选中图层后，执行“编辑-内容识别缩放”命令（快捷键为Shift+Alt+Ctrl+C），按住Shift键拖曳图片右边的控点，即可得到图3-45所示的效果。

图3-44

图3-45

提示 进行内容识别缩放时注意缩放的幅度不要过大，以免超出识别范围导致图像变形。

第4节 合并与盖印图层

文件大小跟图层数量息息相关，图层数量越多，文件的大小就越大。因此，在完成设计后有必要对一些图层进行合并。

合并图层的方法是，选中需要合并的图层，然后单击鼠标右键，在弹出的菜单中执行“合并图层”命令或按快捷键Ctrl+E。选中任意可见图层，单击鼠标右键，在弹出的菜单中执行“合并可见图层”命令或按快捷键Shift+Ctrl+E可以将所有可见图层合并。

如果既想保留图层，又想得到一个合并的效果，可使用盖印图层功能。以图3-46为例，选中任意图层，然后按快捷键Ctrl+Alt+Shift+E，在“图层”面板的最上方就可以得到一个当前所有图层的合并图层，如图3-47所示。盖印图层可以保留图像当前的制作效果，留存历史记录，常用于创作插画、人像修图和合成设计作品时保留创作过程。

图3-46

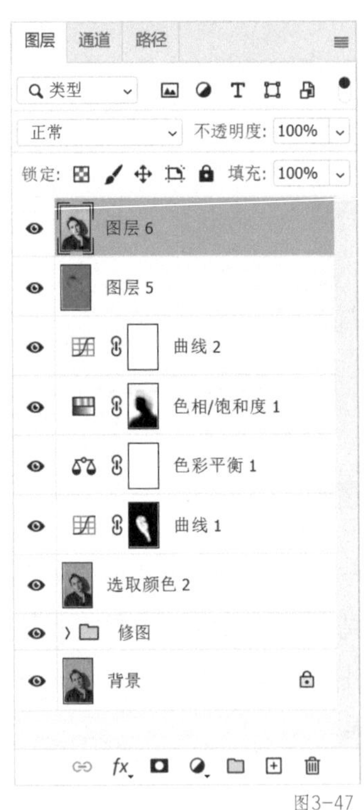

图3-47

提示 按快捷键Alt+Ctrl+E可盖印选中图层。

本课练习题

1. 选择题

（1）下列选项中哪些操作可以新建图层？（　　）。

A. 单击“图层”面板下方的“创建新图层”按钮　　B. 按快捷键Ctrl+Shift+N

C. 按快捷键Ctrl+J　　D. 按快捷键Ctrl+N

（2）以下哪些操作不能选中图层？（　　）。

A. 选中移动工具的状态下按住Ctrl键并单击画布中图像

B. 在“图层”面板图层上直接用鼠标左键单击

C. 使用移动工具在属性栏勾选“自动选择”后，在画布中单击图像

D. 按住Shift键直接在“图层”面板单击图层

参考答案：（1）A、B、C；（2）D。

2. 判断题

（1）盖印图层和合并图层是同一种操作。（　　）

（2）只有先进行自由变换命令，才能够实现变换复制操作。（　　）

参考答案：（1）×；（2）√。

3. 操作题

将图3-48中的Logo粘贴到图3-49的样机图中。通过练习巩固自由变换和复制图层的操作，制作效果参考图3-50。

图3-48

图3-49

图3-50

操作题要点提示

1. 打开贴图文件，将Logo图片置入样机图中。

2. 选中Logo图层，按快捷键Ctrl+T执行自由变换，将Logo适当缩小，放置在中间笔记本上。

3. 复制变换后图像，再次执行自由变换命令，适当缩小Logo图像，并分别将其放在名片和黑色小笔记本上。

第 4 课

选区工具

选区是Photoshop中的重要工具之一，用于设计和处理图像中的特定区域，使用不同的工具或执行不同的命令能得到不同的选区。选区中的图像可以移动、复制、填充颜色或执行一些特殊命令，且不会影响选区以外的区域。

本课知识要点

◆ 认识选区

◆ 选框工具组

◆ 套索工具组

◆ 魔棒工具组

◆ 选择并遮住（调整边缘）

◆ 存储选区和载入选区

第1节 认识选区

选区工具包括矩形选框工具、套索工具、魔棒工具等。本节主要讲解选区的基本作用、概念及使用方法，其中将着重讲解选区的表现形式、保护功能、移动、复制等。

知识点 1 选区的表现形式

选区以浮动虚线的形式呈现，浮动虚线包围的区域表示被选择的区域。选区可以根据形状大致分为基本几何形状的常规选区和不规则形状的不规则选区，如图4-1和图4-2所示。

图4-1

图4-2

知识点 2 选区的保护功能

创建选区后，可以单独对选区内的图像进行颜色填充、调色、添加滤镜效果等操作，效果如图4-3所示。在对选区内的图像进行操作时，选区外的图像将不受影响，即可以保护不需要进行操作的图像。

图4-3

知识点 3 移动选区

选区是可以移动的，移动选区需要在选中选区工具（如矩形选框工具、套索工具、魔棒工具等）的状态下进行。注意，移动选区前需确保工具属性栏中的选择状态是“新选区”状态 。将鼠标指针移动到选区内，鼠标指针会自动转换为中间有虚线的白色箭头，如图4-4所示，表示当前选区为可移动状态，如图4-5所示。

图4-4 图4-5

选区的移动还可以使用键盘方向键来实现。当创建一个选区后，按方向键可以每次以1像素为单位移动选区，也可以按快捷键Shift+方向键，每次以10像素为单位移动选区。

知识点 4 选区内的图像移动

在进行图像的编辑操作时，经常需要借助选区来移动或复制图像中特定内容。创建一个选区后，在工具箱中选择移动工具拖曳移动选区，选区内的图像就会随之移动。移动后的区域将被自动填充为背景色，如图4-6所示。

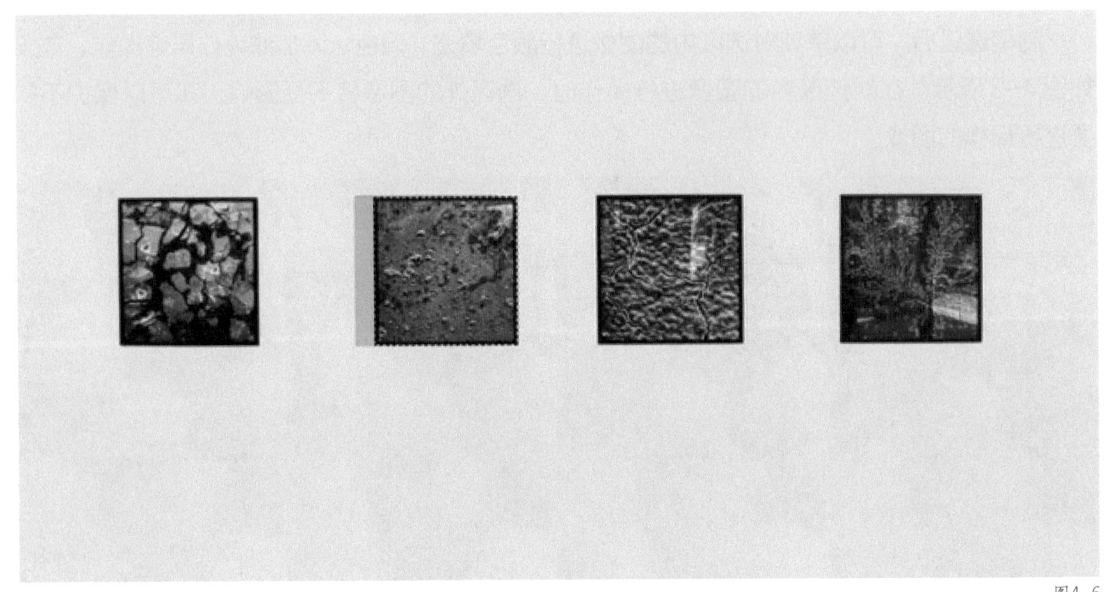

图4-6

创建图4-7所示的选区，按住Alt键，使用移动工具可以将选区内的图像移动并复制到任意位置，如图4-8所示。

图4-7

图4-8

创建选区后，使用移动工具可以将选区内的图像复制到其他文档中（这是常用的合成方法），例如，创建图4-9所示的地球选区，使用移动工具拖曳选区内的图像至图4-10所示的位置，可将地球复制并粘贴到该背景上。

图4-9

图4-10

第2节 选框工具组

选框工具组中包括矩形选框工具、椭圆选框工具和单行、单列选框工具。本节主要讲解矩形选框工具和椭圆选框工具的基本操作，以及选区的布尔运算和调整等特殊操作。

知识点 1 使用选框工具绘制选区

在工具箱中选择矩形选框工具⬚或椭圆选框工具◌后，按住鼠标左键并拖曳鼠标指针即可绘制出其对应类型的选区，如图4-11所示。

图4-11

提示 使用矩形选框工具或椭圆选框工具绘制选区时，按住Shift键可以得到正方形或圆形选区。绘制选区时按住空格键，可在绘制时移动选区的位置，松开空格键不会影响选区的继续绘制。

知识点 2 选区的相关操作

绘制选区之前可进行选区的大小或比例设置，同时选区绘制后也可以随时取消。在属性栏的“样式”下拉列表中可设置选区的大小和比例，如图4-12所示。

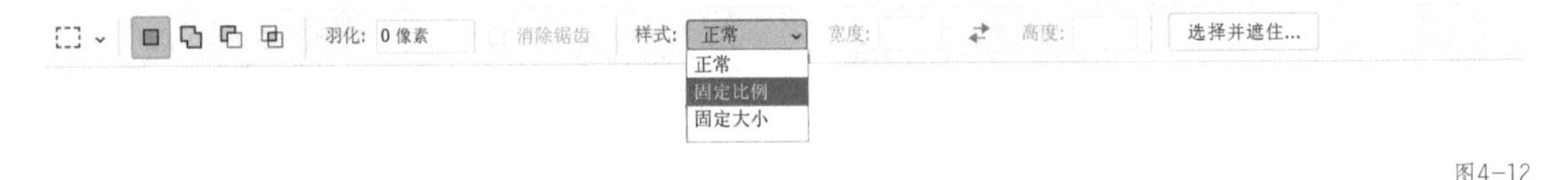

图4-12

1. 选区属性栏中的“样式”设置

使用选框工具时，可以通过属性栏中的样式设置来绘制固定比例或大小的选区，如图4-13所示的1:1选区。

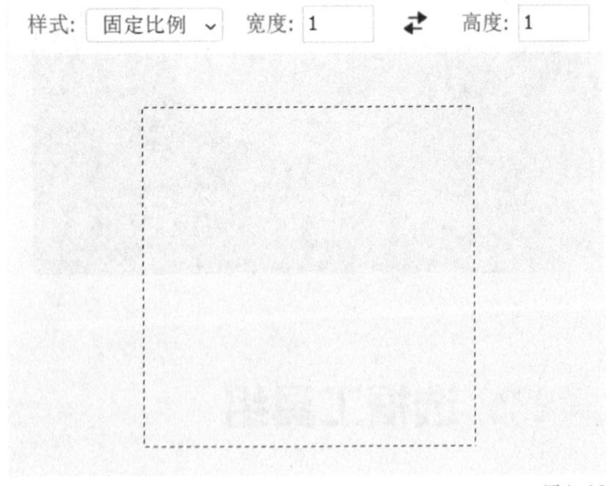

图4-13

2. 取消选区

如果选区绘制有误，或者对该选区的操作已完成，那么就需要取消选区。在使用选区工具的过程中，如果再次绘制新的选区，旧的选区将自动取消。注意，只有属性栏中选区工具的选择状态是“新选区”状态时，才可以绘制新选区来取消旧选区。此外，按快捷键Ctrl+D也可以取消选区。

提示 在执行操作的过程中，出现误操作时可按快捷键Ctrl+Z撤回上一步操作或打开右侧的历史记录面板选择要撤回的步骤进行撤回。

知识点 3 选区的布尔运算

布尔运算是图形绘制时相加、相减、相交的一种算法，利用布尔运算可以使多个选区共同作为一个组合形状区。选区的布尔运算具体操作如下。

1. 添加到新选区

在属性栏中设置选区的选择状态为“添加到新选区”状态 ，在已有选区的基础上再次绘制新选区，可得到两个选区相加后的效果。以图4-14所示的图像为例，沿篮球轮廓绘制选区后，在属性栏中设置选区的选择状态为“添加到新选区”状态，然后依次沿足球和橄榄球轮廓绘制选区，可实现同时创建多个选区的目的，如图4-15所示。

图4-14

图4-15

提示 在绘制新选区时，按住Shift键绘制可以实现选区相加后的效果。

2. 从选区减去

在属性栏中设置选区的选择状态为“从选区减去”状态 ，在已有选区的基础上再次绘制新选区，可得到两个选区相减后的效果。以图4-16所示的图像为例，沿弯月外侧边缘绘制圆形选区后，在属性栏中设置选区的选择状态为“从选区减去”状态，然后在弯月内侧边缘绘制圆形选区，可实现绘制弯月选区的目的，如图4-17所示。

图4-16

图4-17

提示 在绘制新选区时，按住Alt键并进行绘制可以实现选区相减后效果。

3. 与选区交叉

在属性栏中设置选区的选择状态为“与选区交叉”状态 ，可得到两个选区相交后的效果。以图4-18所示的眼睛图形为例，沿眼睛下方边缘绘制圆形后，在属性栏中设置选区的选择状态为“与选区交叉”状态，然后沿眼睛上方边缘绘制圆形，可实现绘制眼睛轮廓选区的目的，如图4-19所示。

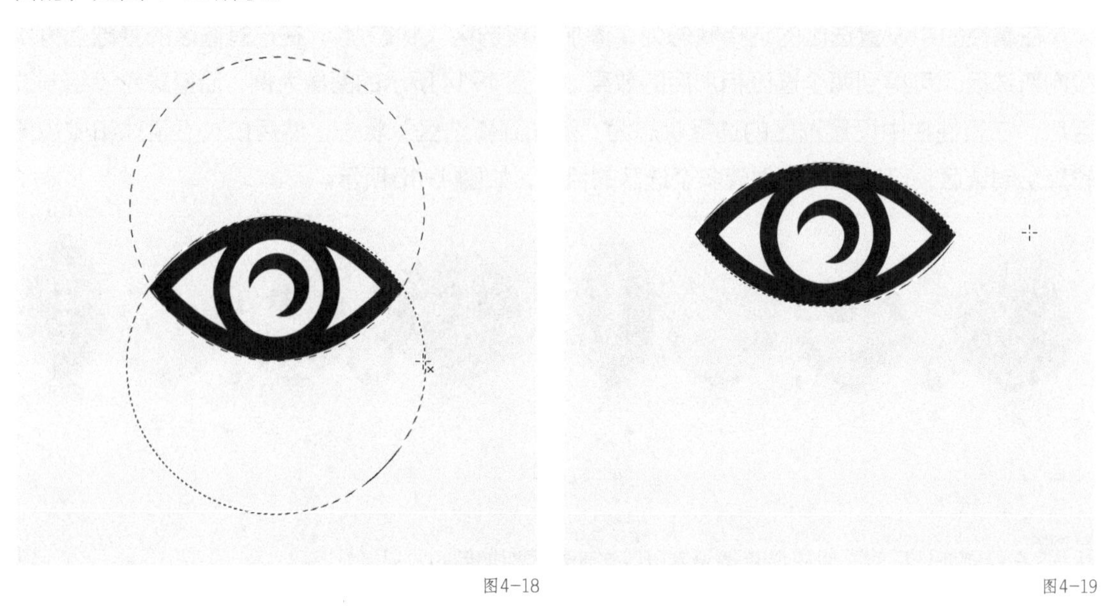

图4-18　　图4-19

提示 在绘制新选区时，按住快捷键Alt+Shift并进行绘制可以实现选区相交后的效果。

绘制新选区进行选区布尔运算时，只需在拖曳鼠标指针时按一次快捷键即可激活相应命令，无须一直按住。

知识点 4 选区的调整

选区除了可以进行基本的操作和布尔运算以外，还可以对选区的形状进行缩放、羽化、描边等特殊操作。

1. 变换选区

绘制的选区与实际需要的选区大小有细微偏差时，可执行“选择-修改-收缩”命令，在弹出的收缩选区对话框中设置“收缩量”可实现选区的收缩，如图4-20所示。如果想要扩展选区，其操作与收缩选区基本一致。

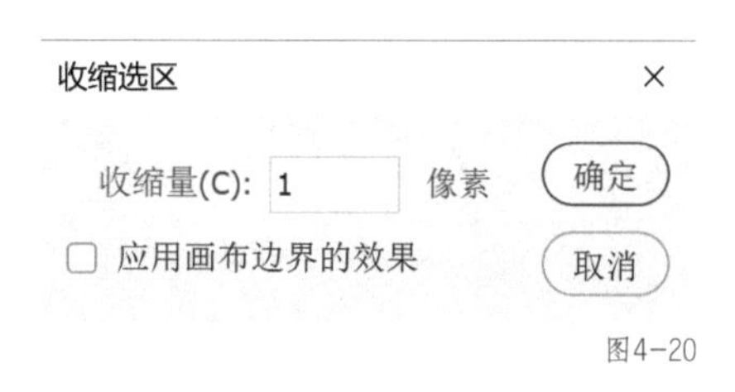

图4-20

执行“变换选区”命令也可以实现选区的缩放，例如，图4-21所示的图像中绘制的足球选区过大，可在选择选区工具的选择状态下，单击鼠标右键，在弹出的快捷菜单中选择“变换选区”，选区周围会生成定界框，拖曳4个角点可以调节定界框的大小，使选区更加贴近足球，如图4-22所示。

图4-21

图4-22

提示 "变换选区"命令的操作方式与"自由变换"命令的操作方式相同。

2. 羽化选区

羽化选区命令可以使选区边缘变得柔和，使选区内的图像自然地过渡到背景中。以图4-23所示的图像为例，执行"选择-修改-羽化"命令对绘制的选区进行羽化，其快捷键为Shift+F6，打开羽化选区对话框，在"羽化半径"文本框中输入羽化值，单击"确定"按钮即可。切换到移动工具按住Alt键移动复制羽化后的选区内的图像，图像四周会有比较自然的过渡效果，如图4-24所示。

图4-23

图4-24

3. 描边选区

在图像处理过程中，经常会使用描边选区命令来强调图像轮廓或绘制图框。

描边选区是指沿着创建的选区边缘进行描绘，即为选区边缘添加颜色和设置宽度。在选区工具被选中的状态下单击鼠标右键，在弹出的快捷菜单中选择"描边"，打开描边对话框，在其中可为选区设置描边效果，如图4-25所示。

在描边对话框中可对描边效果进行宽度、颜色及位置的设置。其中内部描边为常用描边位置，内部描边可沿选区边缘向内描边选区，且不会改变选区轮廓的大小，如图4-26所示。其他两种形式或多或少都会改变选区的轮廓大小。

图4-25

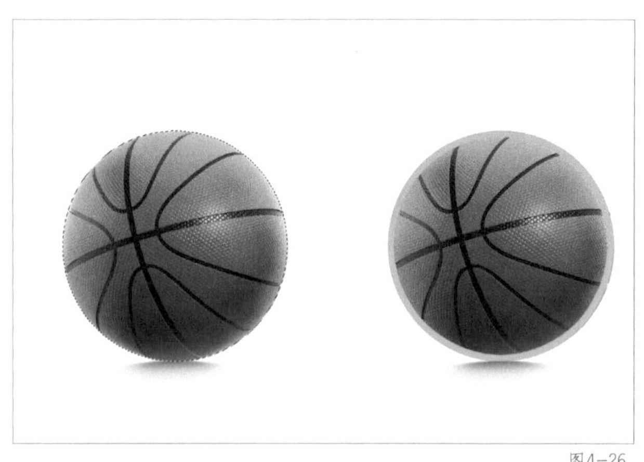

图4-26

第3节 套索工具组

套索工具组多用于绘制不规则的选区及抠取不规则的图形。本节主要讲解套索工具、多边形套索工具和磁性套索工具的使用技巧。

知识点 1 套索工具

套索工具多在无须绘制精准选区，需要快速选取画面局部时使用。

选中套索工具后，只需在图像窗口中按住鼠标左键并拖曳，首尾相连后释放鼠标左键即可创建选区，如图4-27所示。

图4-27

知识点 2 多边形套索工具

多边形套索工具多在抠取直线形物体时使用，如立方体、直角建筑物等。

以图4-28所示的图像为例使用多边形套索工具建立楼体选区。选中多边形套索工具后，在图像窗口中单击创建选区的起始点，然后沿楼体轮廓单击定义选区中的其他点，最后将鼠标指针移动到起始点处，当鼠标指针呈显示时单击，即可创建选区。

图4-28

提示 在选区绘制的过程中，点位置添加错误时，可按BackSpace键撤回一步，按Esc键可撤销选区的绘制。

知识点 3 磁性套索工具

磁性套索工具 多在抠取复杂轮廓图像时使用。相较于钢笔工具更容易掌握，且抠取的物体轮廓细节更多。

以抠取图4-29的白色小狗为例，选中磁性套索工具，在小狗边缘某一位置单击定义起点后，沿白色小狗的轮廓拖曳鼠标指针，系统将自动在鼠标指针移动的轨迹上选择对比度较大的边缘产生节点，当鼠标指针回到起始点时单击即可创建白色小狗的轮廓选区，如图4-30所示。

图4-29

图4-30

提示 图像边缘模糊的区域有时不会自动生成节点，可单击来手动添加节点，再继续拖曳鼠标指针。

第4节 魔棒工具组

魔棒工具组主要用于快速选择相似的区域，包括魔棒工具和快速选择工具。另外，Photoshop 2020还新增了对象选择工具，其作用与魔棒工具组相同。

知识点 1 对象选择工具

对象选择工具 为Photoshop 2020中的新增工具，使用对象选择工具时系统将自动分析图像，以指定对象创建选区。

使用对象选择工具的具体操作是：在工具箱中选择对象选择工具，框选图4-31所示的两只小狗，可创建两只小狗的轮廓选区，如图4-32所示。图像颜色对比越强，自动生成的选区越精准。

图4-31

图4-32

知识点 2 快速选择工具

用户使用快速选择工具可以像绘画一样快速选择目标图像。在拖曳鼠标指针时，选区会自动向外扩展，跟随图像定义的边缘（背景和图像对比鲜明时适用）生成选区。在其属性栏中可设置选区相加或相减，如图4-33所示。

图4-33

- 系统默认为“添加到选区”状态，即创建初始选区后，再次创建选区时两个选区自动相加。

- 按住Alt键可以快速切换到“从选区减去”状态，可以在原有选区的基础上减去鼠标指针拖曳出的图像区域。

以抠取图4-34所示的荷花为例，在工具箱中选择快速选择工具，按住鼠标左键在荷花图像上拖曳，随着鼠标指针的拖曳会沿荷花图像不断得到选区，直至得到完整的荷花轮廓选区，按快捷键Ctrl+J复制选区内的图像；或按快捷键Ctrl+Shift+I反转选区，再按Delete键删除背景，得到单独的荷花图像，如图4-35所示。

图4-34

图4-35

知识点 3 魔棒工具

魔棒工具可以在图像中颜色相同或相近的区域生成选区，适用于选择颜色和色调变化不大的图像。在工具箱中选择魔棒工具后，单击图像中的某个点，即可将图像中该点附近与其颜色相同或相似的区域选出，如图4-36所示。

选区的范围由属性栏中的容差值决定，如图4-37所示。

容差的数值越大，选择的颜色范围越大，反之则选择的颜色范围越小。图4-38所示为容差值为20的选区范围，图4-39所示为容差值为40的选区范围。

取样大小：取样点 容差：20 消除锯齿 连续

图4-37

图4-36

图4-38

图4-39

还可以在属性栏中勾选“连续”选项，以便选择颜色相同但不相邻的区域。以图4-40所示的矩形为例，如果不勾选“连续”选项，单击蓝色区域只能选中左边矩形的区域；勾选“连续”选项后，可以选中不相邻的两个蓝色矩形区域，如图4-41所示。

图4-40

图4-41

提示 使用魔棒工具时，可执行“布尔运算”命令来增加或减少选区的范围。

第5节 选择并遮住（调整边缘）

“选择并遮住”按钮即旧版Photoshop中的“调整边缘”按钮，多用于利用选区抠图时针对选区边缘进行调节，可使抠出的图像边缘平滑自然，尤其适用于抠取人像或动物毛发这类边缘复杂的对象。下面将使用选择并遮住功能抠取图4-42所示的人物图像，并讲解选择并遮住功能的实际运用方法。抠取的人物效果如图4-43所示。

图4-42

图4-43

首先打开人像素材，使用对象选择工具和快速选择工具建立人像轮廓选区。使用缩放工具可以看到，此时建立的人像选区边缘尤其是毛发边缘并不是很精准，所以需要使用选择并遮住功能对选区进行调整。在快速选择工具被选中状态下，在属性栏中单击“选择并遮住”按钮即可进入选择并遮住界面，如图4-44所示。

▌在界面的右侧可以看到属性面板，在属性面板的最上方有“视图模式”选项组，在“视图”下拉列表中可以选择不同的视图模式，以便更好地观察调整的结果，如图4-45所示。

▌因为人像原来的背景为浅灰色。若视图为白色背景看起来不够清楚，所以将视图选择为“黑底”。工作区中黑底半透明的部分是图中没有被选中的部分，而中间颜色鲜艳的部分是被选中的部分。

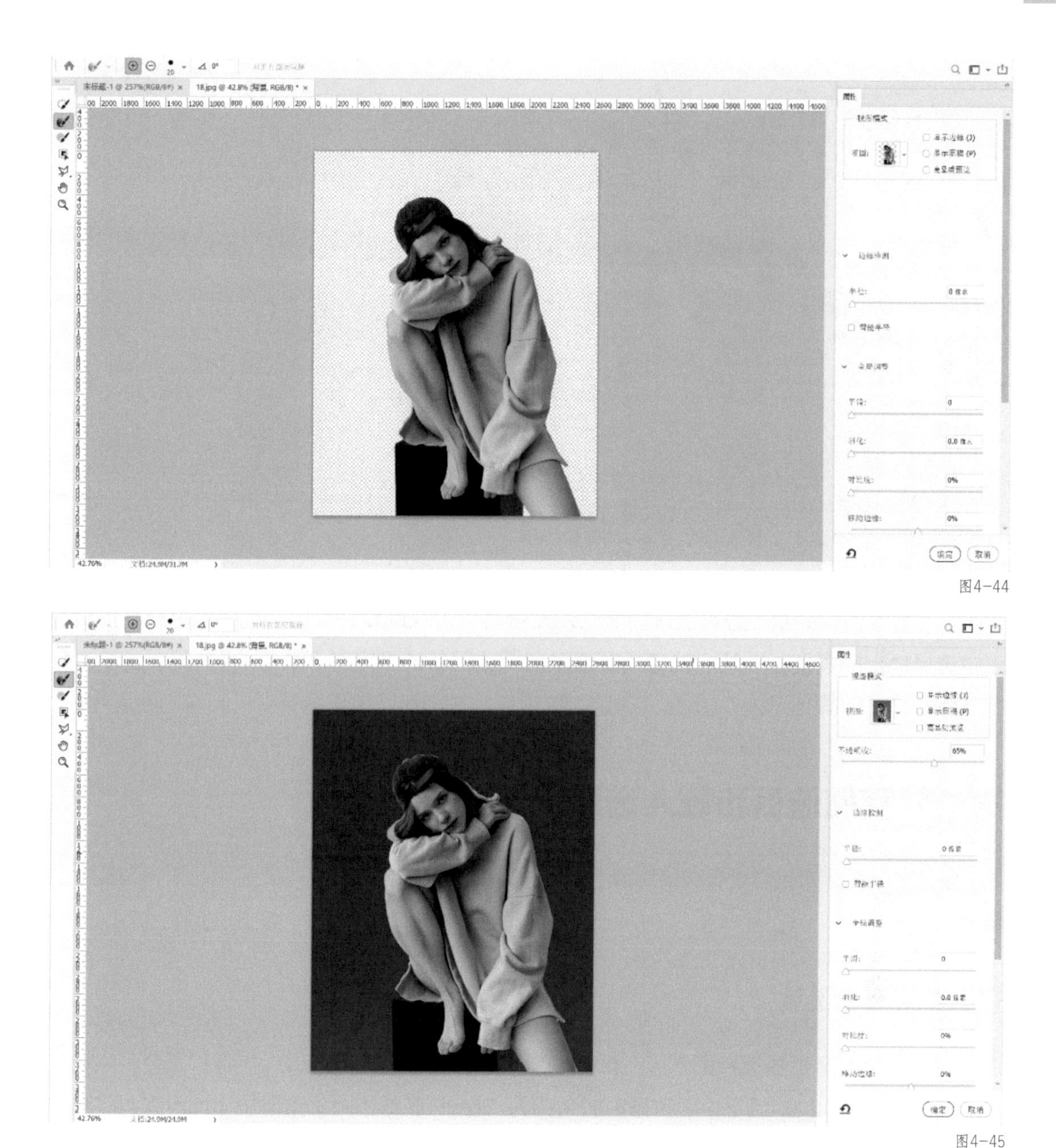

图4-44

图4-45

▌边缘检测和全局调整。边缘检测和全局调整设置可以调整选区边缘的效果，边缘检测可以通过拖动半径滑块或在文本框中输入数值来改变选区边缘的范围，勾选“智能半径”选项可使调整的边缘更加精确。全局调整中的各选项主要针对选区平滑度、边缘模糊度（羽化选项多默认为0）、精准度（对比度）、收缩大小范围（移动边缘）进行调节。当对这些选项进行设置后，会发现图像边缘变得更干净平滑。但毛发边缘并没有很大的变化，这时就需要结合左侧工具箱里的工具对毛发边缘进行调节。

▌工具箱中的调整边缘画笔工具主要是针对毛发边缘进行调整的工具，使用方法与画笔工具类似。将边缘画笔调整到合适的大小后，就可以开始对一些选择不准确的边缘进行涂抹，涂抹后系统会重新计算得出更精确的边缘选择效果，如图4-46所示。

图4-46

▌在属性面板的右下方可进行图像的输出设置。边缘调整好以后，在“输出到”下拉列表中选择输出的类型，一般多选择“新建图层”或“新建带有图层蒙版的图层”。这里选择“新建图层”作为输出形式，单击“确定”按钮后，在图层面板中会有抠出图像的图层生成。

第6节 存储选区和载入选区

创建选区后，如果需要多次使用该选区，可以将其进行存储，在需要使用时再将其载入图像中。

知识点 1 存储选区

使用对象选择工具选择图4-47所示的盘子图层。选中盘子区域，执行“选择-存储选区”命令，在弹出的对话框中更改选区的名称为“盘子”，单击“确定”按钮即可将盘子选区保存，如图4-48所示。

图4-47

存储选区

目标

文档：盘子选区.psd

通道：新建

名称(N)：盘子

确定

取消

操作

新建通道(E)

添加到通道(A)

从通道中减去(S)

与通道交叉(I)

图4-48

知识点 2 载入选区

第二次打开“盘子选区”文件，执行“选择-载入选区”命令，在弹出的对话框中选择“通道”下拉列表中的“盘子”可以载入之前保存的选区，如图4-49所示。

存储选区的本质是存储通道，可以在通道面板中找到保存的选区，如图4-50所示。因为选区的本质是通道，所以在通道面板中选中并删除保存的选区，保存的选区也会被删除。

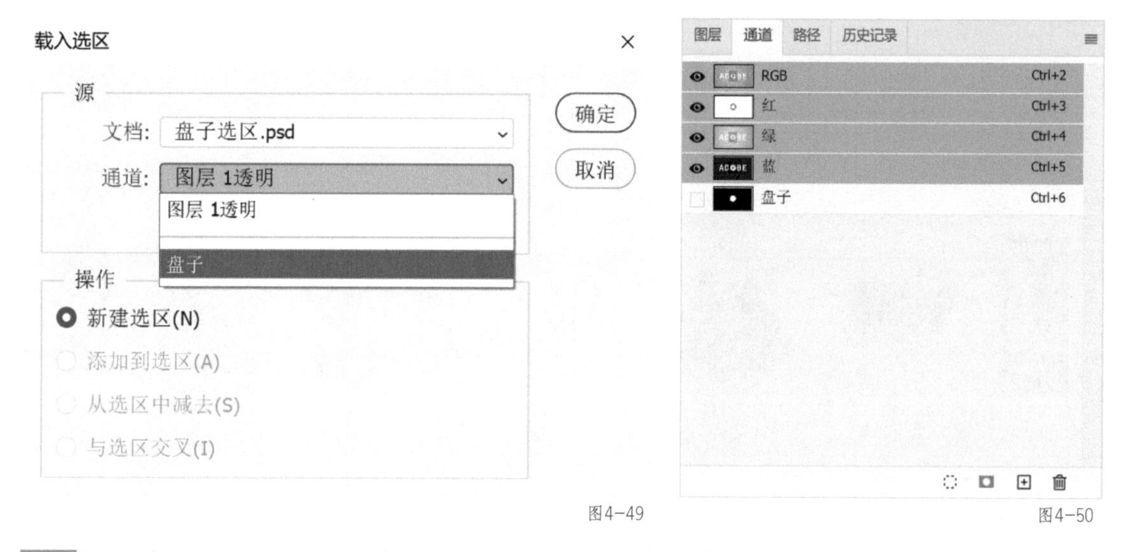

图4-49　图4-50

提示 透明背景图层内的图像轮廓也可以被载入选区，其操作方法如下。选择要载入的轮廓图层并按住Ctrl键，将鼠标指针移动到图层缩览图上出现图标时单击，这时沿图像边缘会有选区生成，如图4-51所示。

本课要重点掌握的是套索工具组和魔棒工具组中各工具的操作方式，这两个工具组主要用于图像的抠取。在使用时只有清楚每种工具在何种情况下使用，才能在遇到不同类型的图像时选择合适的工具进行操作。抠图时多个工具配合使用，会使图像抠取变得更便捷。

图4-51

综合案例 水果创意海报

本案例将使用图4-52所示的素材制作水果创意海报。读者通过制作案例可以巩固选区工具的相关知识、灵活运用选区工具的功能，实现创意化的设计创作。最终效果如图4-53所示。

海报尺寸：210毫米x297毫米

分辨率：72像素/英寸

颜色模式：RGB

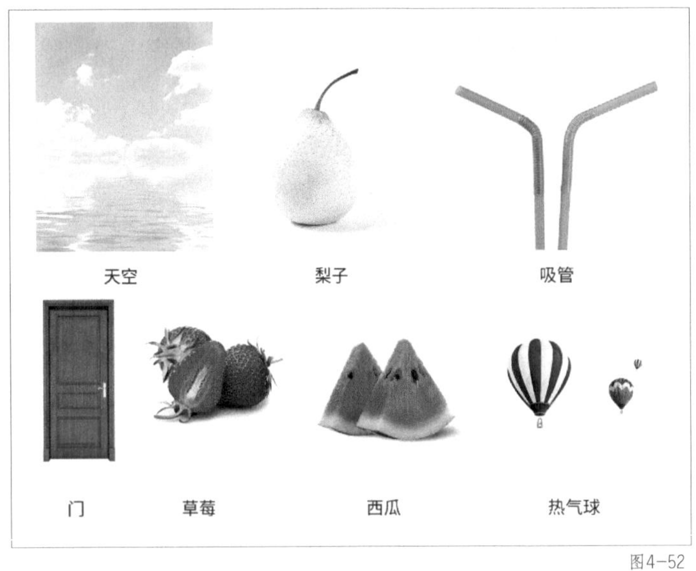

图4-52

图4-53

下面讲解本案例的制作要点。

1. 搭建背景

新建文档，将蓝天素材置入新建文档，并将其调节至合适大小。绘制矩形选区并羽化，制作天空与背景的合成过渡效果，如图4-54和图4-55所示。

图4-54

图4-55

2. 抠取主体图像

使用快速选择工具创建选区，并单击“选择并遮住”按钮抠出梨的图像，为了使图像底部与新建文档的背景融合得更自然，将梨的投影部分也一起抠出，如图4-56所示。

图4-56

3. 将梨素材置入背景

将抠好的梨置入背景图层中。使用对象选择工具抠出吸管，如图4-57所示，将其置于梨的顶端以替换梨的果蒂，如图4-58所示。

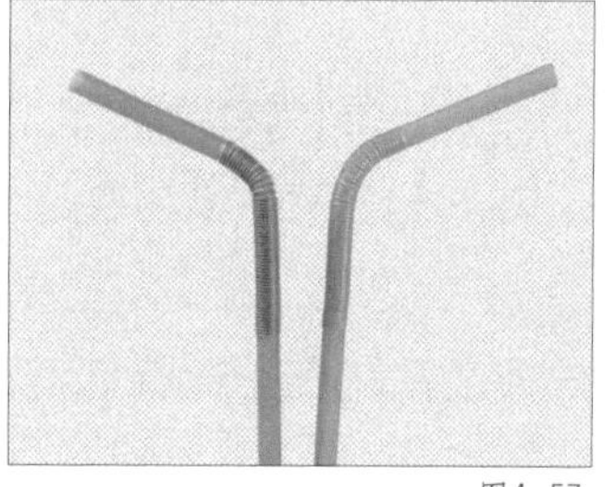

图4-57

图4-58

4. 添加门和草莓等元素

将已经抠好的门置于梨的前方，如图4-59所示，同时使用快速选区工具将草莓抠出，抠取方法与抠梨的方法相同。将草莓置于梨的后方，如图4-60所示。

5. 添加其他元素

将西瓜和热气球素材直接置入文档，注意调整它们的大小和位置，最终效果和图层顺序如图4-61所示。

图4-59

图4-60

图4-61

本课练习题

1. 选择题

（1）以下选区工具中属于选框工具的是（　　）。

A. 套索工具　B. 椭圆选框工具　C. 魔棒工具　D. 对象选择工具

（2）在Photoshop中能够快速对不规则的图像进行选取的选区工具是（　　）。

A. 快速选择工具　B. 对象选择工具　C. 魔棒工具　D. 矩形选框工具

（3）绘制一个选区后，怎样快速地同时选择与选区颜色相近的区域？（　　）。

A. 选择魔棒工具，按住Shift键单击与选区颜色相近的区域

B. 执行“选择-扩大选区”命令可把相似区域选中

C. 选择对象选择工具，按住Shift键再次框选图像

D. 选择快速选择工具，对相似区域进行选择

参考答案：（1）B；（2）A、B；（3）A。

2. 判断题

（1）魔棒工具与快速选择工具最大的相似点就是能够对颜色单一、对比强烈的图像进行快速选取。（　　）

（2）套索工具一般用于创建不规则的多边形选区，如三角形、五角星形等区域。（　　）

参考答案：（1）×；（2）×。

3. 操作题

请使用本课提供的图4-62所示的蝴蝶和花朵素材进行Banner设计。读者通过练习可以巩固选区的绘制方法和利用选区抠图的技法，Banner完成后的参考效果如图4-63所示。

文档尺寸：1920像素x1080像素

分辨率：72像素/英寸

颜色模式：RGB

图4-62

图4-63

操作题要点提示

1. 使用快速选择工具和磁性套索工具抠出蝴蝶。

2. 将抠出的蝴蝶置入花朵所在的图层，利用“自由变换”命令缩放蝴蝶至合适大小，再将其移动到花朵的上层。

3. 同样用快速选择工具和磁性套索工具抠出花朵，按快捷键Ctrl+J复制花朵，并使用“自由变换”命令缩放复制出的花朵。

4. 使用矩形选框工具绘制矩形选区，对选区进行描边设置。按Alt键移动复制绘制的矩形框，将其分别放置在左上方和左下方的位置。

第 5 课

颜色填充

在进行绘制图形、修饰图像等操作时，经常需要进行颜色的填充。Photoshop提供了非常出色的颜色填充功能。本课主要讲解纯色填充、渐变填充、图案填充和锁定透明像素填充颜色等填充方法。

本课知识要点

- ◆ 纯色填充
- ◆ 渐变填充
- ◆ 图案填充
- ◆ 锁定透明像素填充颜色

第1节 纯色填充

当需要对整个画布或指定区域填充纯色时，可以使用快捷键或填充工具等快速上色。

知识点 1 颜色设置

单击Photoshop工具箱底部的“设置前景色”和“设置背景色”按钮可以设置需要的颜色。

默认情况下，前景色为黑色，背景色为白色，如图5-1所示。

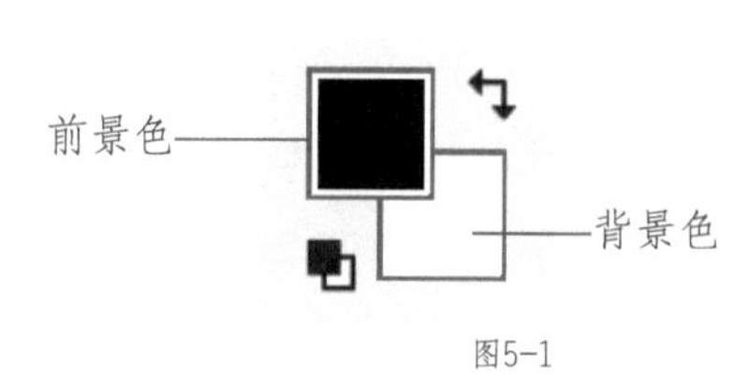

图5-1

单击“设置前景色”和“设置背景色”按钮，打开相应的拾色器对话框即可设置它们的颜色。此时，将鼠标指针移动到拾色器对话框外，在图像任意区域单击可以拾取图像上的颜色，如图5-2所示。

单击“切换前景色和背景色”按钮或按快捷键X，可以互换前景色与背景色。单击“默认前景色和背景色”按钮或按快捷键D，可以将它们恢复为系统默认的黑色和白色。

另外，也可以在右侧的颜色和色板面板中的颜色上单击设置前景色和背景色，如图5-3所示。

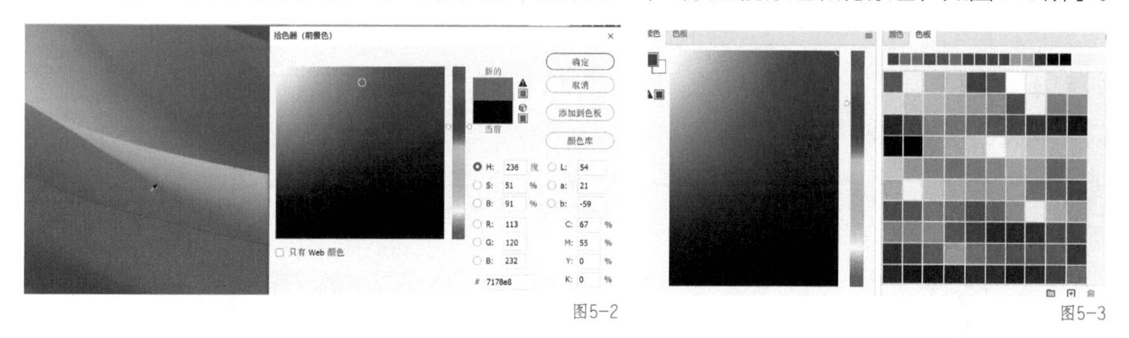
图5-2　图5-3

知识点 2 颜色填充

设置好颜色后，新建选区或图层，按快捷键Alt+Delete可以填充前景色，按快捷键Ctrl+Delete可以填充背景色。

另外，执行“编辑-填充”命令或按快捷键Shift+F5，在弹出的填充对话框中设置“内容”选项为“前景色”或“背景色”也可进行颜色的填充，如图5-4所示。

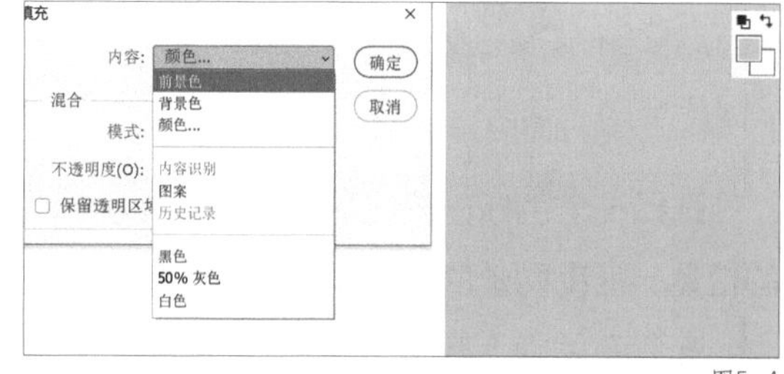

图5-4

第2节 渐变填充

设计工作中多用渐变颜色进行背景的填充，或为图形填充渐变颜色来丰富画面。本节主要讲解渐变颜色的编辑和渐变类型等。

知识点 1 渐变颜色的编辑

进行渐变颜色填充前，需要先进行渐变颜色的设置。在工具箱中选择渐变工具后，可在属性栏中进行渐变颜色和渐变填充样式的选择，如图5-5所示。

图5-5

默认情况下，渐变色条显示前景色到背景色的渐变。单击渐变色条可以打开渐变编辑器对话框，在“预设”选项组中可以看到Photoshop 2020较之之前版本的Photoshop提供了更多的渐变类型。但在设计时，更多会在渐变编辑器对话框下方自定义渐变颜色及类型。

渐变色条上的4个色标分别控制起始和结束的颜色及不透明度。上方色标控制不透明度，下方色标控制渐变颜色，如图5-6所示。

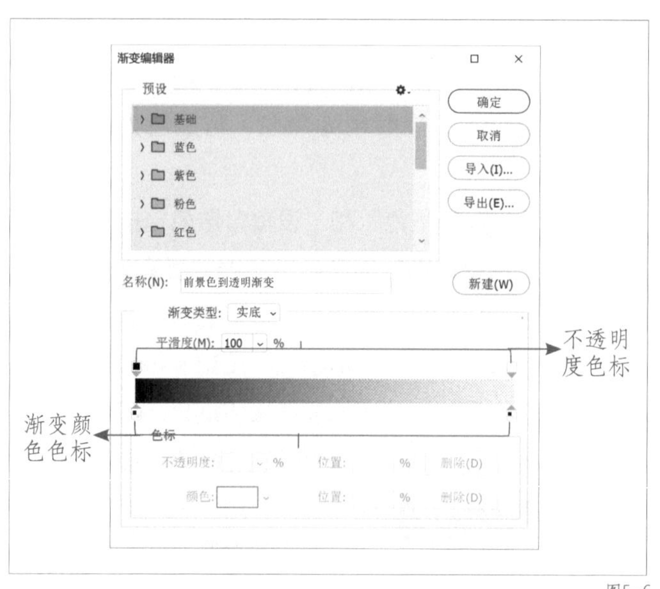

图5-6

双击色标或单击“颜色”选项右侧的色块，打开相应的拾色器对话框，即可修改色标的颜色，如图5-7所示。

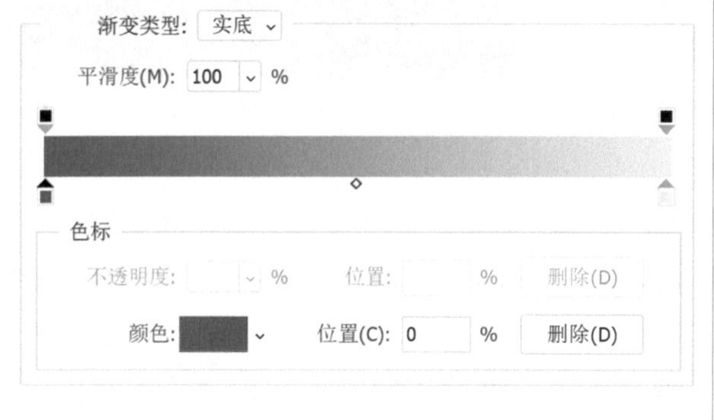

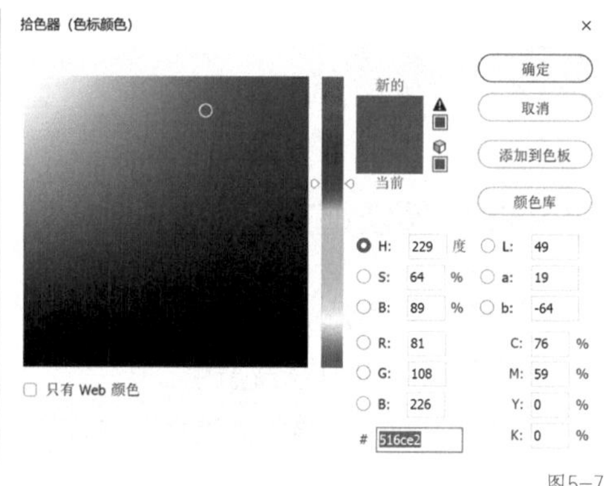

图5-7

选择一个色标，按住鼠标左键拖曳色标或在“位置”文本框中输入数值，可以调整该色标的位置。拖曳两个色标之间的菱形图标，可以调整两个色标颜色的混合位置，如图5-8所示。

在渐变色条下方单击或按住Alt键拖曳色标，可以添加新的色标。新色标的颜色与之前选中色标的颜色相同。

选中一个色标，单击“删除”按钮或直接向下拖曳，可以删除该色标，如图5-9所示。

设置好渐变颜色后，在对应的图层上或选区内单击并拖曳，即可填充渐变。另外，按住Shift键可以以45°、90°和180°拖曳鼠标指针进行渐变的填充。

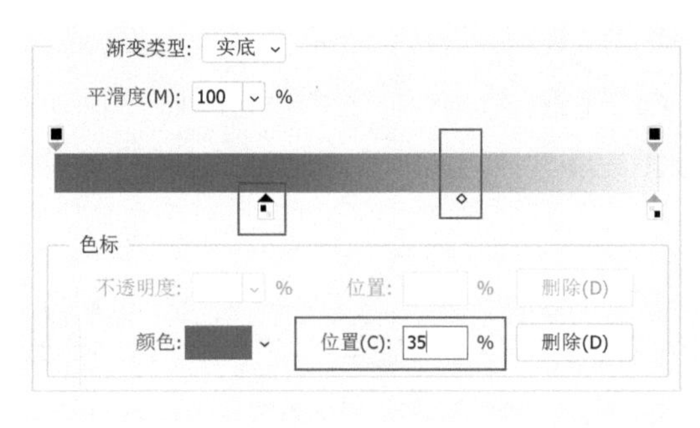

图5-8

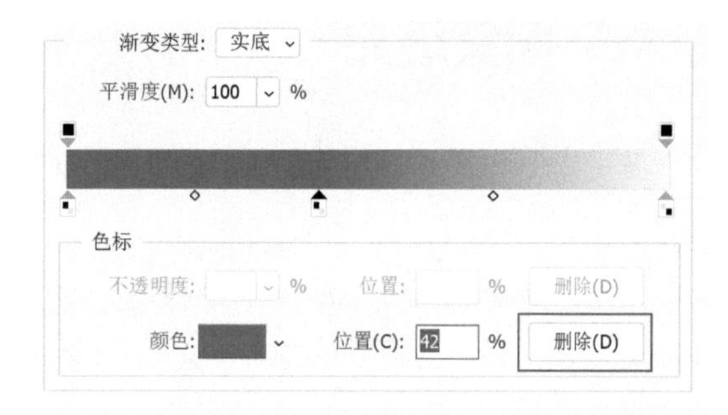

图5-9

提示 在渐变编辑器对话框中选择“预设”中的基础渐变类型，渐变颜色会随前景色和背景色的变化而变化。

知识点 2 渐变类型

默认情况下渐变填充样式为“线性渐变”，用户可以单击属性栏中的“渐变样式”按钮 设置渐变样式。各渐变样式的特点如下。

- 选择“线性渐变”，可以以直线方式创建从起点到终点的渐变。
- 选择“径向渐变”，可以以圆形方式创建从起点到终点的渐变。
- 选择“角度渐变”，可以围绕起点创建顺时针方向的渐变。
- 选择“对称渐变”，可以在起点两侧创建对称的线性渐变。
- 选择“菱形渐变”，可以以菱形方式创建从起点到终点的渐变。

各渐变样式对应的填充效果如图5-10所示。

线性渐变

径向渐变

角度渐变

对称渐变

菱形渐变

图5-10

知识点 3 其他渐变属性的设置

渐变工具属性栏中其他属性设置如下。

- 不透明度：用于设置渐变颜色的整体不透明程度。
- 反向：勾选该项可以使渐变颜色的顺序相反。
- 仿色：勾选该项可以使渐变效果更加平滑。
- 透明区域：该选项用于控制渐变编辑器对话框中不透明度色标的设置是否有效，勾选则有效，取消勾选则无效，此时创建的渐变为实色渐变，默认为勾选状态。

第3节 图案填充

在工作中，除了填充渐变外，设计师有时还会填充图案来达到丰富画面、增加设计美感的目的。

新建图层或创建选区后按快捷键Shift+F5，在打开的填充对话框中设置“内容”选项为“图案”。在下方的“自定图案”中选择想要填充的图案后，单击“确定”按钮即可填充图案，如图5-11所示。

另外，用户也可根据自己的需求自定义图案。自定义图案的方法如下。

▌新建任意宽、高的文档，如4像素x4像素的文档，设置“背景内容”为“透明”，如图5-12所示。注意，由于画布尺寸过小，此时可以放大视图进行查看。

▌在工具箱中选择铅笔工具，在画布上单击鼠标右键，设置画笔大小为“1像素”，如图5-13所示。

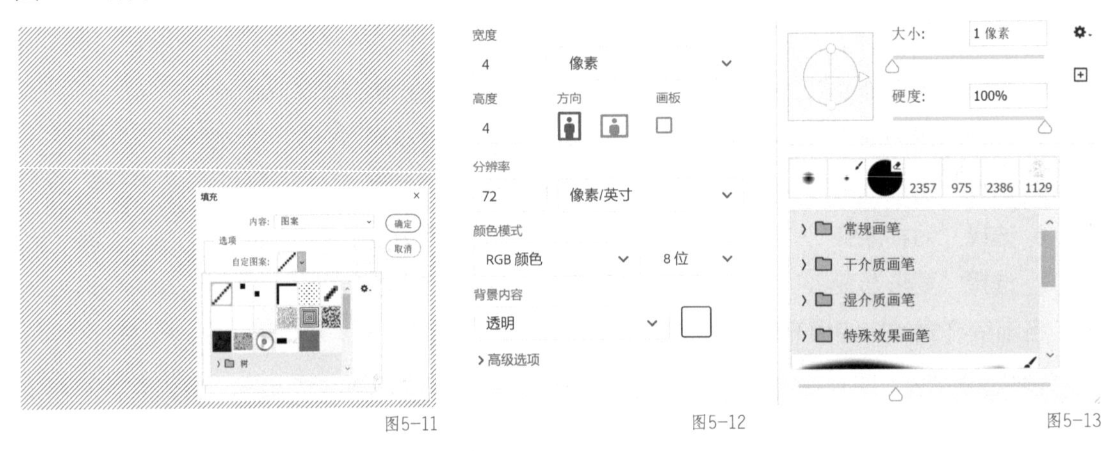

图5-11 图5-12 图5-13

▌在画布上单击可绘制图案，效果如图5-14所示。

▌执行“编辑-定义图案”命令，在打开的图案名称对话框中设置图案的名称，如图5-15所示。单击“确定”按钮完成自定义图案。

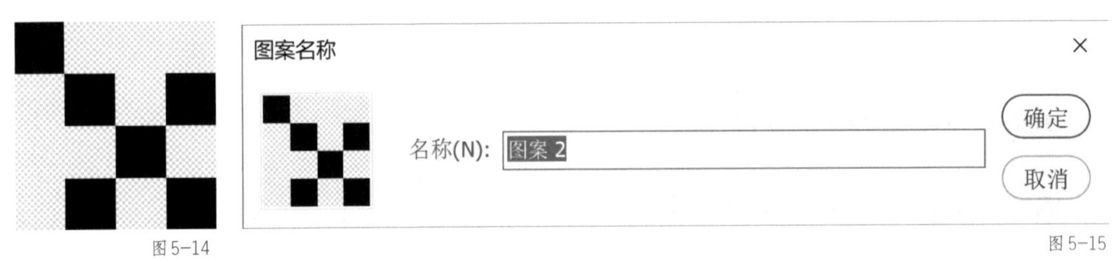

图5-14 图5-15

▌将制作好的自定义图案填充到文档中。新建任意宽、高的文档，如500像素x500像素的文档。

▌按快捷键Shift+F5，在打开的填充对话框中选择刚才制作好的自定义图案，如图5-16所示，单击“确定”按钮，填充效果如图5-17所示。

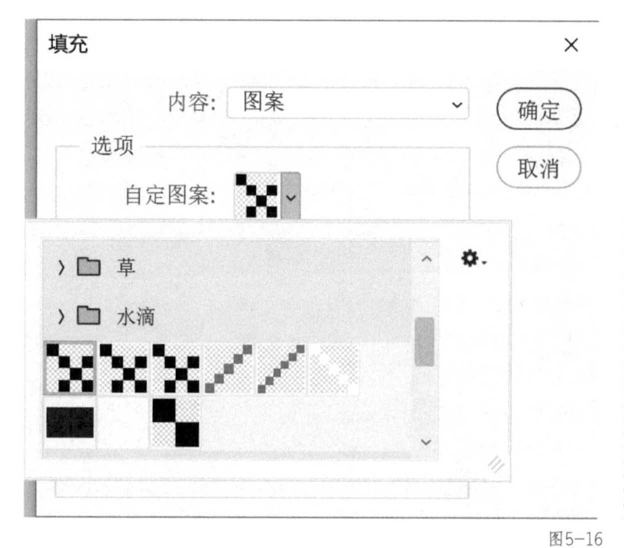

图5-16

图5-17

第4节 锁定透明像素填充颜色

在设计工作中若想对文档中的颜色图层进行颜色的重新填充，可单击图层面板中的“锁定透明像素”按钮 ⊠ 来实现。以为图5-18所示的圆形重新填充颜色为例，选中图中的大圆图层，单击图层面板中的“锁定透明像素”按钮，选择渐变工具，设置渐变颜色为图5-19所示的颜色，选择“线性渐变”填充样式，拖曳鼠标指针为大圆填充渐变，如图5-20所示。

图5-18

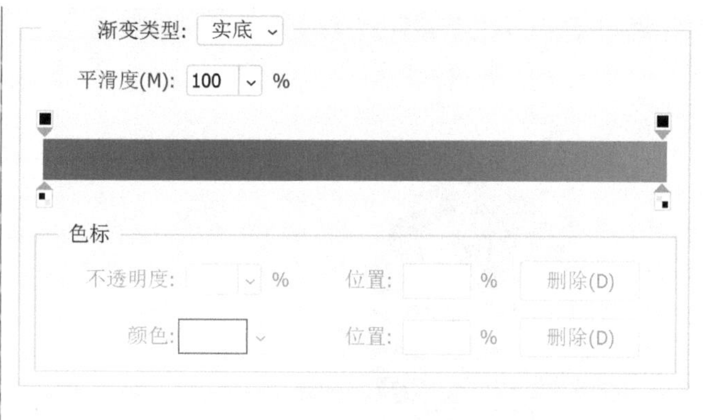

图5-19

除了可以单击“锁定透明像素”按钮实现颜色的重新填充外；也可以按住Ctrl键单击图层缩览图载入图像选区，基于选区对图像进行颜色的重新填充。

提示 在不单击“锁定透明像素”按钮的情况下，分别按快捷键Shift+Alt+Delete和快捷键Shift+Ctrl+Delete，可实现锁定透明区域填充前景色和背景色的效果。

图5-20

综合案例 时尚潮流海报

本案例将使用本课提供的图5-21所示的人像素材和图5-22所示的文字素材进行时尚潮流海报设计。制作这个海报案例可以帮助读者巩固本课所学的知识，理解并熟练掌握渐变填充的方法。本案例的完成效果如图5-23所示。

海报尺寸：1080像素x1920像素

分辨率：72像素/英寸

颜色模式：RGB

图5-21

图5-22

图5-23

下面讲解本案例的制作要点。

1. 填充背景渐变

新建文档，在工具箱中选择渐变工具，分别设置渐变颜色为#9e3172和#31265c，如图5-24所示。设置渐变类型为“线性渐变”。为背景图层填充渐变，效果如图5-25所示。

2. 制作背景中的渐变图形

新建空白图层，绘制圆形一个选区，并为其填充颜色为#ff3e3c到#fb9e0a的径向渐变，如图5-26所示。

图5-24

图5-25

图5-26

3. 自定义图案

新建尺寸为40像素x40像素的透明文档，其参数设置如图5-27所示。

使用矩形选框工具绘制一个尺寸为20像素x20像素的矩形选区，并将该选区填充为黑色，制作图5-28所示的图像。执行“编辑-定义图案”命令，将其定义为“图案”。

回到时尚潮流海报文档中，新建空白图层，绘制一个圆形选区，并为其填充图案，效果如图5-29所示。

图5-27

图5-28

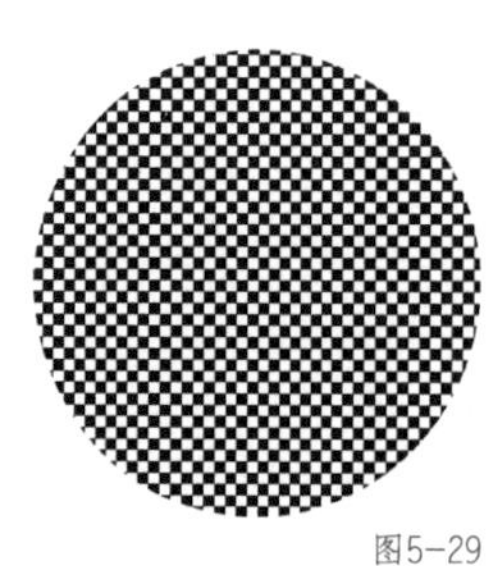

图5-29

4. 添加其他装饰元素

利用选区工具和渐变工具绘制其他图形元素，并使用纯色填充和描边选区功能绘制装饰元素，效果如图5-30所示。

5. 置入人物与文字素材

分别将人物素材与文字素材置入文档中，并将它们调整至合适的位置，效果如图5-31所示。

图5-30

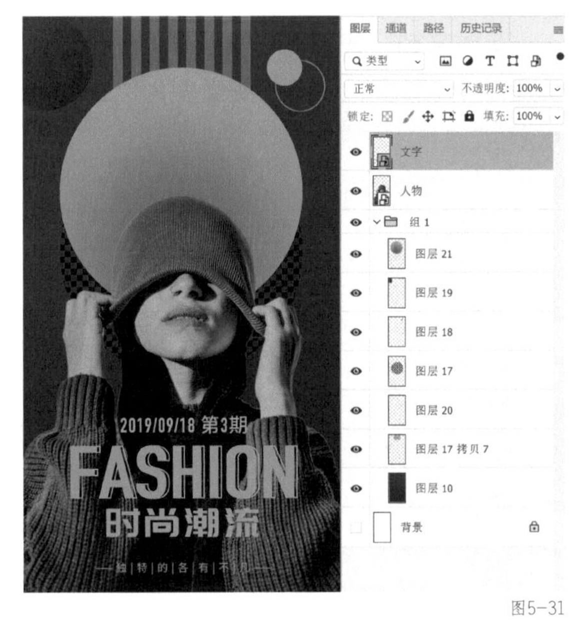

图5-31

本课练习题

1. 选择题

（1）下列选项中哪个是填充前景色的快捷键？（　　）。

A. Alt+Delete　　B. Ctrl+Delete　　C. Shift+Alt+Delete　　D. Shift+ Ctrl +Delete

（2）下列哪种渐变类型填充的渐变为对称渐变效果？（　　）。

A. 线性渐变　　B. 对称渐变　　C. 角度渐变　　D. 径向渐变

参考答案：（1）A；（2）B。

2. 判断题

（1）图案填充不属于填充命令。（　　）

（2）不同的填充样式不能同时应用在一个文档当中。（　　）

参考答案：（1）×；（2）×。

3. 操作题

请利用本书提供的图5-32所示的人物素材和图5-33所示的文字素材制作人物海报。读者通过练习可以巩固之前所学的海报制作技巧，海报完成后的参考效果如图5-34所示。

文档尺寸：1080像素x1920像素

分辨率：72像素/英寸

颜色模式：RGB

图5-32

图5-33

图5-34

操作题要点提示

1. 使用渐变工具并填充线性渐变，渐变颜色的设定可参考人物衣服的颜色，对背景进行深蓝色到灰色的渐变填充。

2. 运用椭圆选框工具、矩形选框工具绘制装饰元素，可为它们填充渐变、纯色或描边，也可填充自定义图案来丰富画面。

3. 文字素材采用的是上下排版，置入文字素材时需要注意人物素材在画面中所占的比例。

第 6 课

绘图工具

形状工具、钢笔工具、画笔工具是Photoshop中常用的绘图工具，其中形状工具和钢笔工具为矢量工具，绘制的形状由锚点和路径构成。使用路径功能绘制线条和曲线，再对绘制后的线条和曲线进行填充或描边，可以完成一些绘图工具不能完成的工作，实现对图像的更多操作。

本课主要讲解常用绘图工具的使用方法及使用技巧。

本课知识要点

- ◆ 形状工具组
- ◆ 钢笔工具组
- ◆ 画笔工具
- ◆ 橡皮擦工具组

第1节 形状工具组

使用形状工具组的工具可以绘制基本的形状图形，形状工具组中包括矩形工具、圆角矩形工具、椭圆工具、多边形工具、直线工具和自定形状工具。下面将详细讲解这些工具的使用技巧。

知识点 1 矩形工具

矩形工具可以绘制矩形或正方形。在工具箱中选择矩形工具，拖曳鼠标指针或直接在画布上单击都能绘制矩形。

在画布中拖曳鼠标指针可以绘制任意大小的矩形。在拖曳鼠标时按住Shift键可绘制正方形。按住快捷键Shift+Alt可由中心点向四周拖曳绘制正方形。

选中矩形工具后，在画布上单击打开创建矩形对话框，在该对话框中设置矩形的宽与高，可创建指定大小的矩形，如图6-1所示。

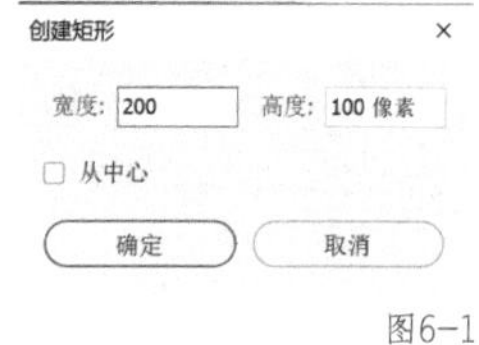

图6-1

选择矩形工具后，可以在属性栏中设置矩形的相关属性，如图6-2所示。

图6-2

矩形工具属性栏中主要属性的含义如下。

▌工具模式列表框。工具模式列表框用于设置矩形工具的绘制模式。选择“形状”模式绘制将会生成矢量形状，并产生新的形状图层；选择“像素”模式，则会形成用前景色填充的矩形区域，选择“路径”模式则只能生成路径。3种模式的绘制效果如图6-3所示。

图6-3

▌填充。单击该按钮，在弹出的对话框中可以设置矩形的填充颜色及填充类型。

▌描边。单击该按钮，在弹出的对话框中可以设置矩形的描边颜色及填充类型。

▌描边宽度。在文本框中输入数值，单击右侧的下拉按钮，或拖曳滑动条上的滑块，可以设置矩形描边的宽度。

▌描边类型。单击右侧的下拉按钮，在弹出的下拉列表中可以对描边的类型进行设置。

▌矩形宽高。在文本框中输入数值，或在字母“W”或“H”上拖曳鼠标指针，可以设置矩形的宽度和高度。

除属性栏外，在形状绘制完成后，右侧面板区中会自动弹出属性面板，如图6-4所示。也可以在属性面板中重新设置矩形的相关属性。单击“蒙版”按钮，用鼠标指针拖曳“羽化”选项下方的滑块可得到边缘有羽化效果的形状，如图6-5所示。羽化数值可随时调整且形状属性不变。

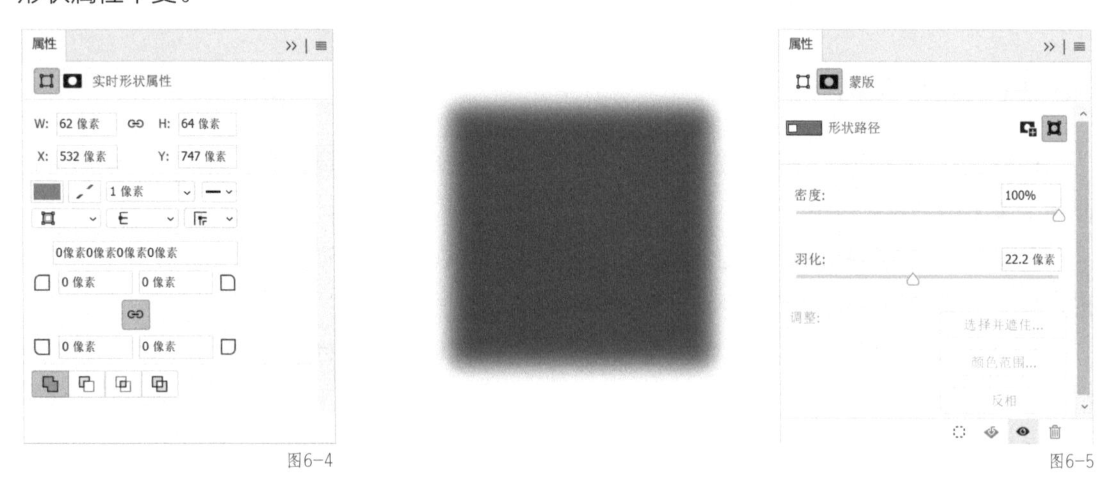

图6-4

图6-5

提示 在图层面板中双击形状图层的图层缩览图，可打开拾色器对话框，可在其中修改形状的填充颜色。选中形状层后，也可按填充前景色和背景色的快捷键进行形状颜色的修改。

知识点 2 圆角矩形工具

圆角矩形工具可以绘制带有平滑圆角的矩形。选择工具箱中的圆角矩形工具，在属性栏的“半径”文本框中可设置圆角弧度，半径越大，圆角的弧度就越大。绘制完成后，可以在右侧的属性面板中重新设置圆角半径，如图6-6所示。

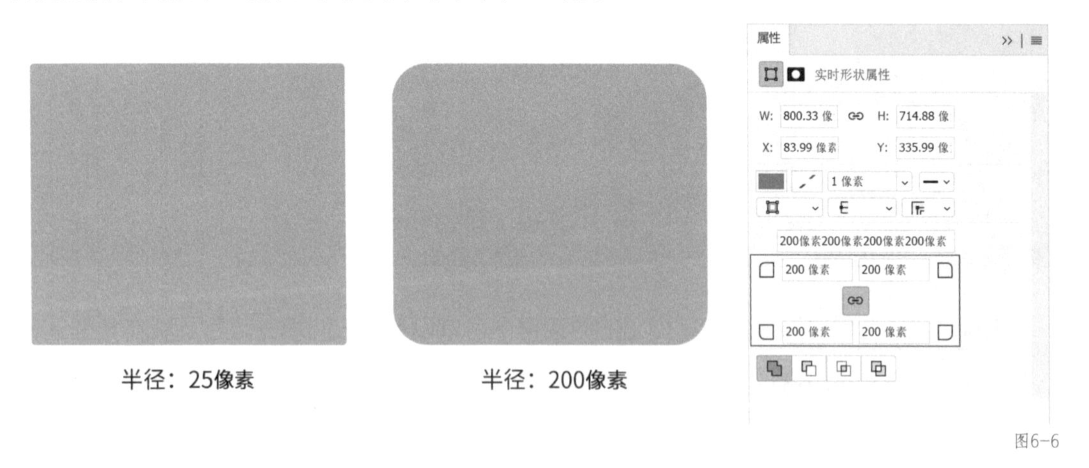

图6-6

知识点 3 椭圆工具

椭圆工具可以绘制椭圆形或圆形，绘制方法与矩形工具相同。在画布中拖曳鼠标指针可以绘制任意大小的椭圆。在拖曳鼠标指针时按住Shift键可绘制圆形。按住快捷键Shift+Alt

可绘制由中心开始的正圆形。选中椭圆工具后，在画布中单击打开创建椭圆对话框，在该对话框中可以设置具体的宽、高值，绘制指定大小的椭圆。

知识点 4 多边形工具

多边形工具⬡可以绘制多边形或星形。选择工具箱中的多边形工具，默认情况下可以绘制五边形。在属性栏的“边”文本框中可以设置多边形的边数。

单击⚙按钮，在展开的设置面板中勾选“星形”或“平滑拐角”选项可绘制特殊的多边形，效果如图6-7所示。

图6-7

知识点 5 直线工具

直线工具／可以绘制直线。选择工具箱中的直线工具，默认情况下可以绘制任意长度的直线。在属性栏的“粗细”文本框中可以设置直线的粗细，绘制时按住Shift键可绘制水平、垂直或45° 方向的直线。

单击⚙按钮，在展开的设置面板中勾选箭头选项中的“起点”或“终点”选项可绘制出端点带有箭头的直线。

知识点 6 自定形状工具

Photoshop 2020提供了更多的预设形状。选择自定形状工具，单击属性栏中“形状”右侧的下拉按钮，在弹出的下拉列表中可以选择需要的形状，如图6-8所示。绘制自定义形状时按住Shift键，可以绘制等比例的形状图形。

知识点 7 编辑形状图形

形状图形绘制完成后，可以使用路径选择工具和直接选择工具对形状进行精细调整。

选择路径选择工具，单击形状可选择该形状的路径，并可移动整个形状路径。按住Alt键可移动并复制选中的路径。

使用直接选择工具可以调整路径上的锚点。选择直接选择工具，框选所需的锚点并拖曳可以移动该锚点，按Delete键可以删除该锚点，如图6-9所示。

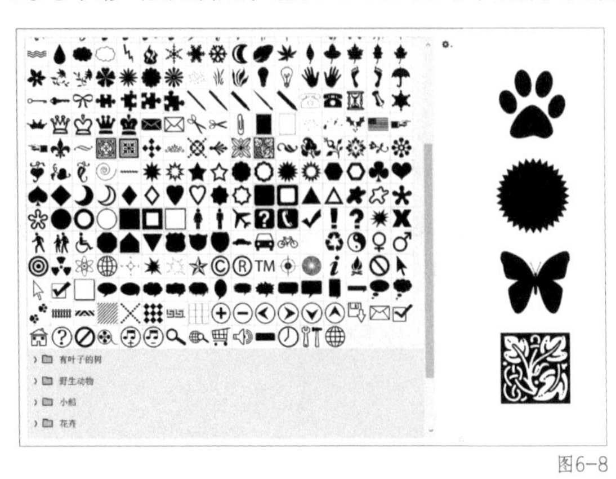
图6-8

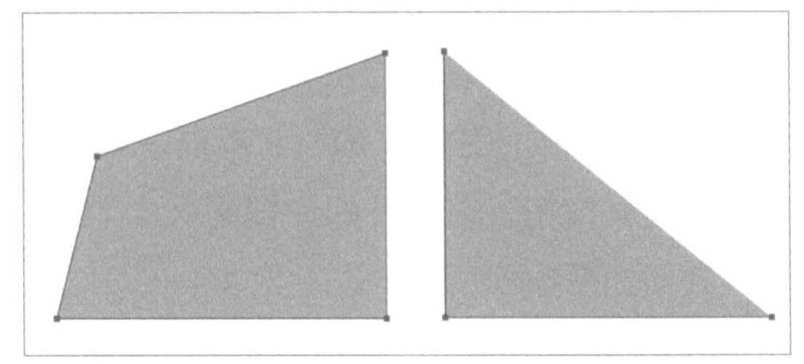
图6-9

在形状工具组中各工具的属性栏中都可以通过共有的操作选项对多个路径和形状进行布尔运算、对齐和排列操作，且这些操作都需要结合路径选择工具进行。

单击“路径操作”按钮，在弹出的下拉列表中可以对所绘制的形状设置布尔运算法则。该功能针对两个及两个以上的形状使用。设置了布尔运算法则后再进行绘制，新形状将会与当前选中的形状位于同一个图层，并且进行布尔运算。各个布尔运算的效果如图6-10所示。

图6-10

注意，进行了布尔运算的形状图层中，往往包含多个形状路径，此时可以使用直接选择工具选中需要调整的路径，重新调整其属性或位置。如果需要同时选择多个路径，可以在按住Shift键的同时单击所需的路径。

- 路径对齐方式。单击该按钮可以设置形状的对齐方式。该功能针对进行了布尔运算的形状图层中两个及两个以上的路径使用。
- 路径排列方式。单击该按钮可以设置形状的排列顺序。该功能针对进行了布尔运算的形状图层中的形状使用。

提示 路径的对齐方式与移动工具属性栏中的对齐和分布功能作用相同，只是路径的对齐方式只在同一图层的闭合路径之间进行。

案例 绘制孟菲斯风格背景

下面通过一个案例来巩固本课所学的知识，最终完成效果如图6-11所示。孟菲斯风格主要由纯色块和描边效果组成，配色多以高亮纯色调为主。

下面讲解本案例的制作要点。

图6-11

1. 绘制同心半圆环

新建一个任意大小的文档，选择椭圆工具，在属性栏中设置填充为☐，设置描边颜色为黑色，粗细设置适当即可，然后在画布中绘制3个圆环。

使用移动工具选中3个圆环图层，将它们水平居中和垂直居中。使用直接选择工具将3个圆环下方的锚点删除，效果如图6-12所示。

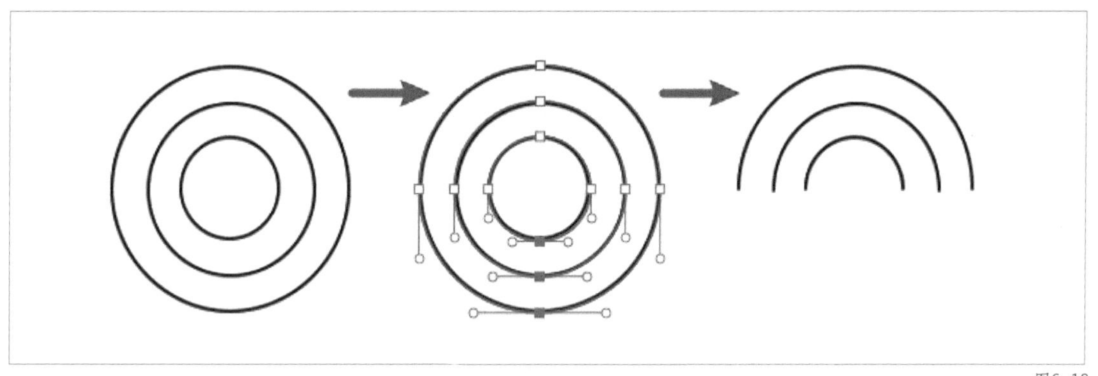
图6-12

2. 绘制点状矩阵

使用椭圆工具绘制圆点，然后使用“自由变换”与“重复复制”命令绘制横排圆点。选择所有复制的圆点图层，按快捷键Ctrl+E将圆点合并为一个图层。再次使用“自由变换”与“重复复制”命令制作点状矩阵，如图6-13所示。

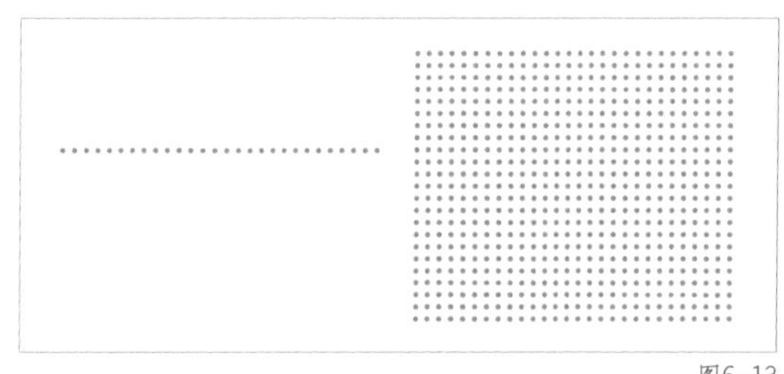
图6-13

3. 绘制点状圆形和特殊形状

绘制圆形，在属性栏中设置“填充”为“图案”，然后选择点状图案，效果如图6-14所示。选择自定形状工具，在属性栏的“形状”下拉列表中选择波浪线。绘制完成后，使用直接选择工具选中两根波浪线并将它们删除，效果如图6-15所示。

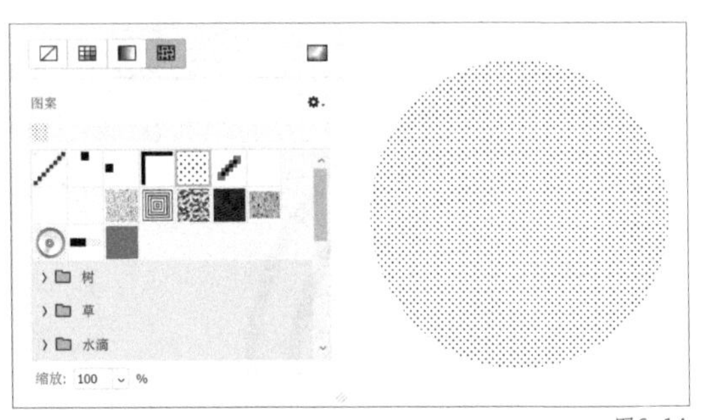

图6-14

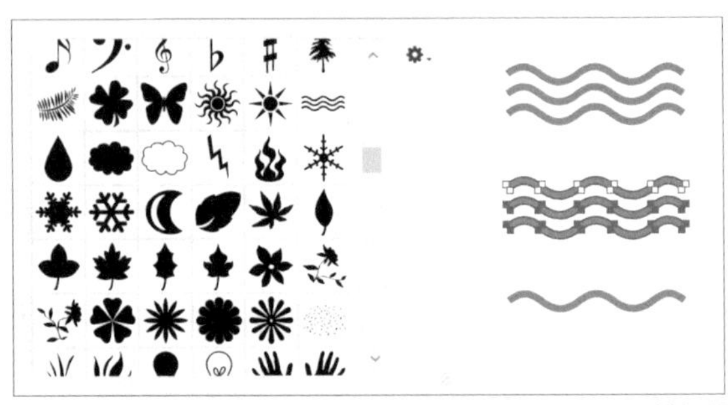
图6-15

4. 绘制其他图形

使用直线工具与矩形工具绘制直线段与矩形，并调整它们的位置。

第2节 钢笔工具组

使用基本的形状工具无法处理细节，而使用钢笔工具可以绘制任意的形状和曲线，从而完成一些基本形状工具不能完成的工作，实现对图像的精细处理。钢笔工具组中还提供了锚点的添加、删除和转换工具，方便调整路径。其中钢笔工具、自由钢笔工具和弯度钢笔工具用于创建形状和路径，添加锚点工具、删除锚点工具和转换点工具用于调整路径。

知识点 1 钢笔工具

钢笔工具的属性栏与形状工具的属性栏类似，绘制形状时，通常在工具模式的下拉列表中选择“形状”模式，抠图时通常选择“路径”模式。其他选项此处不再赘述。下面介绍钢笔工具的使用方法。

- 绘制直线线段。使用钢笔工具在画布中单击生成直线锚点，再次单击即可生成直线路径，如图6-16所示。按住Shift键并单击，可以创建水平、垂直或45°方向的直线段。按BackSpace键可以返回到上一个锚点，按Esc键可以结束绘制。

- 绘制曲线段。在画布中单击并拖曳鼠标指针，可得到带手柄的锚点，再次单击并拖曳鼠标指针可生成曲线路径，如图6-17所示。

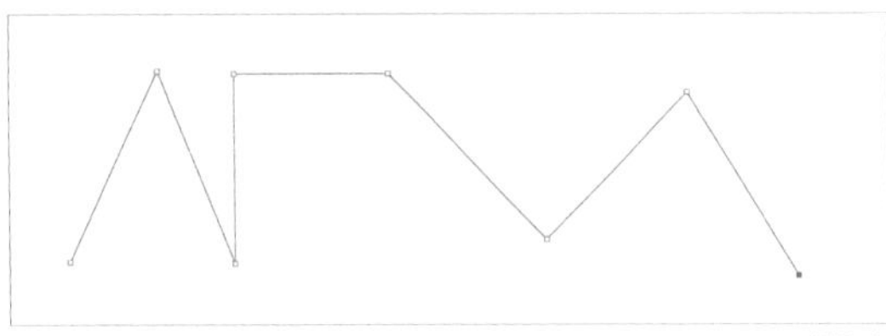
图6-16

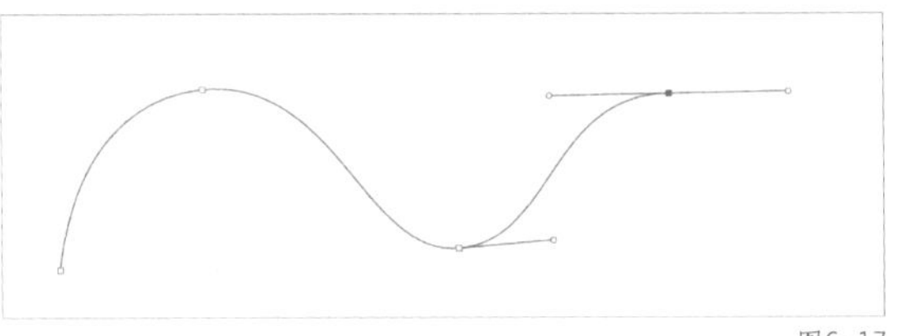
图6-17

▌绘制封闭路径。使用钢笔工具绘图时，当起始锚点和结束锚点闭合时，可生成封闭路径，如图6-18所示。

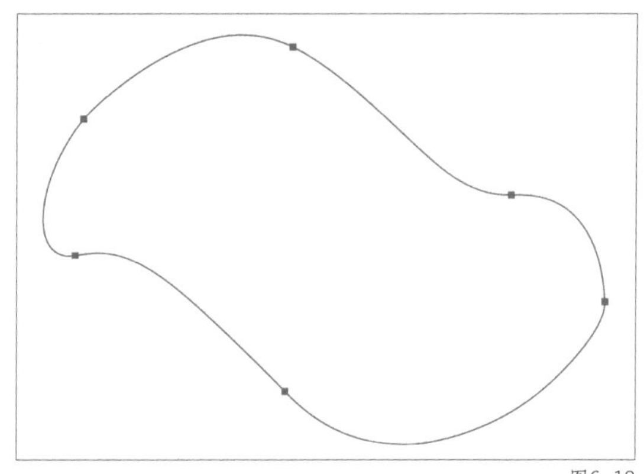

图6-18

▌添加锚点。使用钢笔工具绘图时，将鼠标指针放到路径上，会自动切换为添加锚点工具 ，此时在路径上单击可添加新的锚点。

▌删除锚点。使用钢笔工具绘图时，将鼠标指针放到锚点上，会自动切换为删除锚点工具 ，此时单击路径上的锚点可删除锚点。

▌转换锚点。使用钢笔工具绘图时，按住Alt键可切换为转换点工具 。此时，拖曳曲线锚点的手柄，可以调整单侧手柄的方向及长度，如图6-19所示。单击曲线锚点，可将其转换为直线锚点或删除其单侧手柄，如图6-20所示。在直线锚点上拖曳，可将其转换为曲线锚点，如图6-21所示。

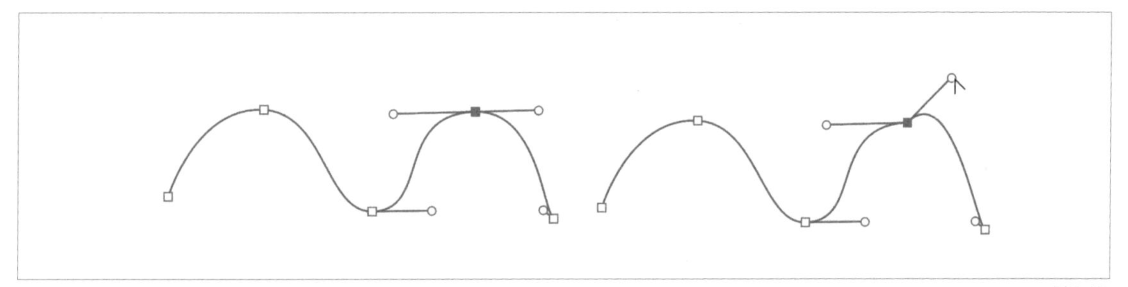

图6-19

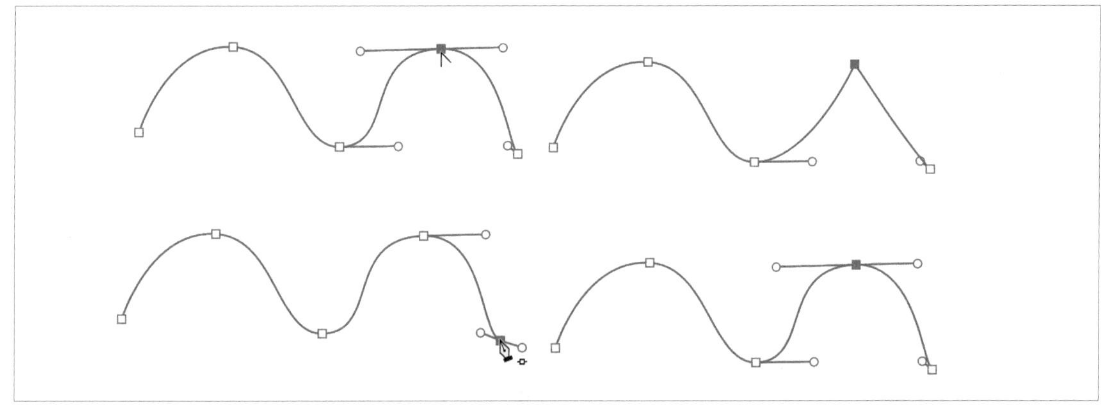

图6-20

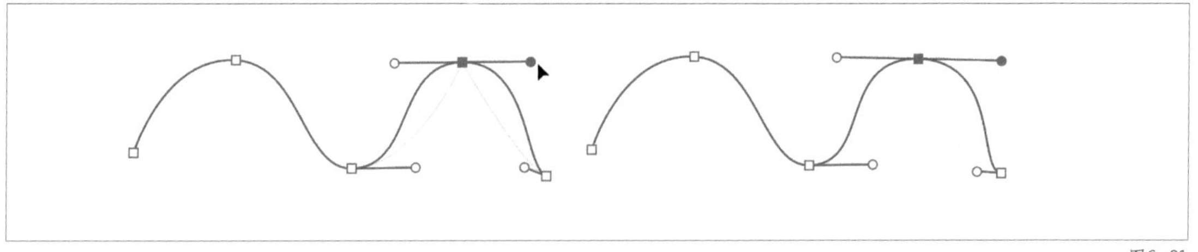

图6-21

移动锚点。使用钢笔工具绘图时，按住Ctrl键可切换为直接选择工具，此时可以移动锚点和调整手柄的方向及长度。

知识点 2 自由钢笔工具

使用自由钢笔工具在画布中拖曳鼠标指针即可绘制路径。勾选属性栏中“磁性的”选项后，其使用方法与磁性套索工具类似。在创建路径时，当鼠标指针沿着图像中某个物体移动时，路径会自动吸附到该物体的边缘上，如图6-22所示。

图6-22

知识点 3 弯度钢笔工具

使用弯度钢笔工具在画布中单击鼠标左键，可在两点之间生成曲线。该工具多用于抠取弧度较多的图像，首先单击开始绘制直线路径，在路径上添加锚点，直接拖曳路径上的锚点即可得到曲线效果，再次绘制时将自动出现曲线效果。在锚点上双击鼠标左键即可实现曲线锚点和直线锚点的相互转换，操作技巧如图6-23所示。

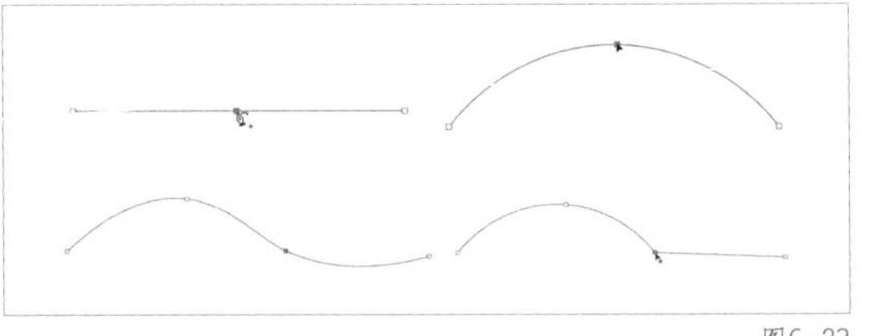

图6-23

知识点 4 使用钢笔工具抠图

选择钢笔工具，在工具模式的下拉列表中选择“路径”模式，沿着图6-24所示手表的轮廓建立封闭路径。当路径闭合后，按快捷键Ctrl+Enter将路径转换为选区，如图6-25所示。此时，按快捷键Ctrl+J复制选区内的图像，可将手表从图像中抠取出来，如图6-26所示。

图6-24

图6-25

图6-26

案例 绘制卡通人物

下面通过一个卡通人物的案例来巩固钢笔工具的使用方法，案例的最终效果如图6-27所示。

1. 绘制卡通人物的头部

图6-27

使用椭圆工具绘制人脸，然后使用直接选择工具调整锚点的位置。选择钢笔工具，在属性栏中设置工具模式为“形状”模式，绘制人物的头发，如图6-28所示。

2. 绘制卡通人物的五官及妆容

使用椭圆工具及布尔运算法则绘制卡通人物的眼睛及腮红。选择钢笔工具，在属性栏中关闭填充颜色，设置描边颜色，并在描边类型下拉列表中将描边的端点设置为圆头来绘制其嘴巴，如图6-29所示。

图6-28

图6-29

3. 绘制卡通人物的身体和衣服

使用钢笔工具绘制卡通人物身体的基本形状。使用直接选择工具和转换点工具调整路径的细节。在身体形状的基础上绘制衣服。使用椭圆工具及布尔运算法则绘制衣领，如图6-30所示。

图6-30

第3节 画笔工具

画笔工具可以绘制图案、修改像素。Photoshop 2020提供了丰富的预设画笔，使绘图变得更加随心所欲。画笔工具组中包括画笔工具、铅笔工具、颜色替换工具和混合器画笔工具，其中画笔工具最为常用。本节主要讲解画笔工具的使用方法。

知识点 1 画笔工具基本设置

选择画笔工具，在画布中按住鼠标左键并拖曳鼠标指针，即可以前景色进行绘制。在属性栏中可设置画笔的相关属性，如图6-31所示。

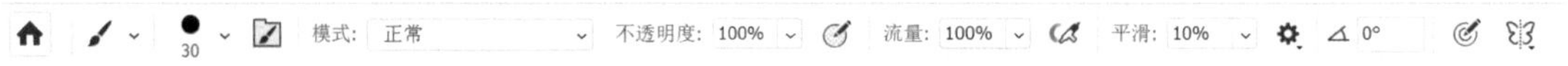

30 模式: 正常 不透明度: 100% 流量: 100% 平滑: 10% 0°

图6-31

画笔工具属性栏中常用属性的介绍如下。

- 画笔预设选取器。单击该按钮，在弹出的下拉列表中可设置画笔的大小、硬度和样式。
- 画笔设置面板按钮。单击该按钮可以打开画笔设置面板。
- 模式。在其下拉列表中可以选择画笔与图像的混合模式，默认为“正常”。
- 不透明度。用来设置画笔的不透明度，数值越小，笔触越透明；数值越大，笔触越清晰明显。
- 流量。调节画笔的笔触密度，数值越小，笔触密度越小；数值越大，笔触密度越大。
- 启用画笔压力。该功能需要配合手绘板使用，用户在使用手绘板绘图时，单击该按钮可以模拟真实的手绘效果。

提示 使用画笔工具在画布上单击鼠标右键也可弹出画笔设置面板，在该面板中可以设置画笔的大小、硬度和样式。按［键可以缩小画笔，按］键可以放大画笔。按键盘上的数字键可以调整画笔的不透明度，例如，按1键可以设置画笔的不透明度为10%。

知识点 2 画笔设置面板

画笔设置面板可以对画笔进行更多的设置。用户不仅可以设置画笔的大小和旋转角度等基本参数，还可以设置画笔的多种特殊外观。

选择画笔工具，单击属性栏中的“画笔设置面板”按钮，弹出的画笔设置面板如图6-32所示。

下面讲解常用的画笔设置。

- 画笔笔尖形状。该面板除了可以调整画笔的大小及硬度外，还可以调整间距值来控制画笔笔触的距离，如图6-33所示。角度和圆度可以调整笔触的方向和圆度，如图6-34所示。
- 形状动态。单击“形状动态”选项打开其面板，如图6-35所示。该面板可以设置画笔的大小抖动、控制、最小直径、倾斜缩放比例、角度抖动、圆度抖动和最小圆度。实际工作中最为常用的选项是大小抖动和角度抖动。大小抖动可以控制笔触大小的变化，数值越大，笔触的大小差异越明显。角度抖动可以控制笔触角度的变化，数值越大，角度变化越大。当笔触为非圆形时，更容易观察到角度变化的效果。大小抖动与角度抖动的效果如图6-36所示。

▌散布。单击“散布”选项打开散布面板，如图6-37所示。在该面板中可以设置画笔的散布幅度、数量和数量抖动。实际工作中常用的是“散布”选项。散布的数值越大，笔触散开的范围越大。勾选“两轴”选项可使散布更集中，如图6-38所示。

▌颜色动态。单击“颜色动态”选项，可打开颜色动态面板，如图6-39所示。“前景/背景抖动”可以控制笔触根据前景色和背景色变化的程度。勾选“应用每笔尖”选项后，绘制出的每个笔触颜色都不同。“色相抖动”可以控制笔触色相变化的程度。“饱和度抖动”可以控制笔触饱和度变化的程度。“亮度抖动”可以控制笔触亮度变化的程度。“纯度”可以控制画笔颜色的浓淡。各选

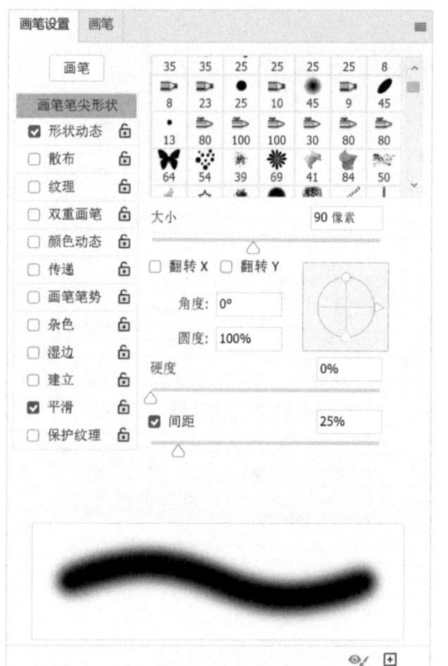

图6-32

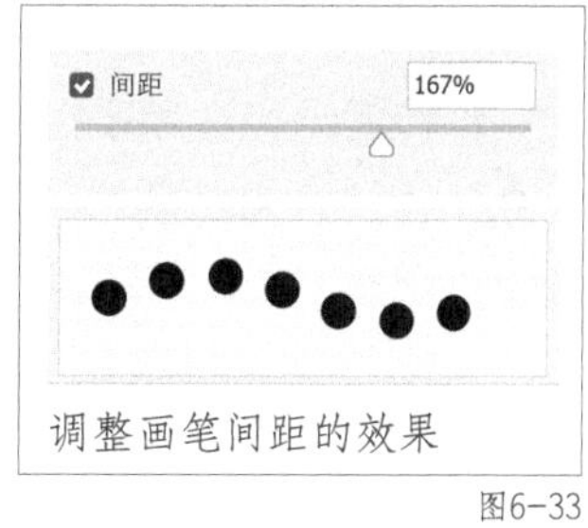

图6-33

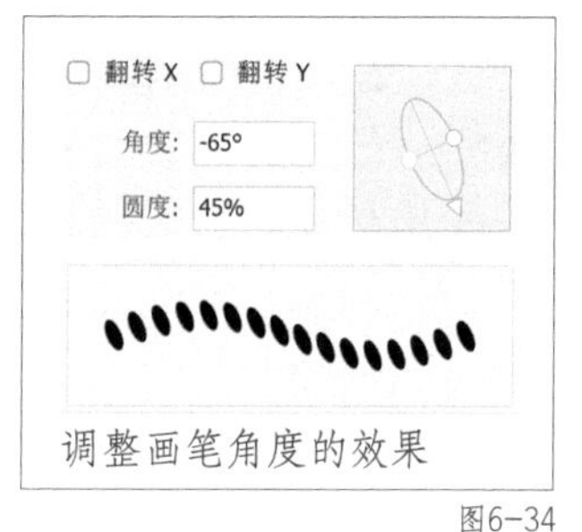

图6-34

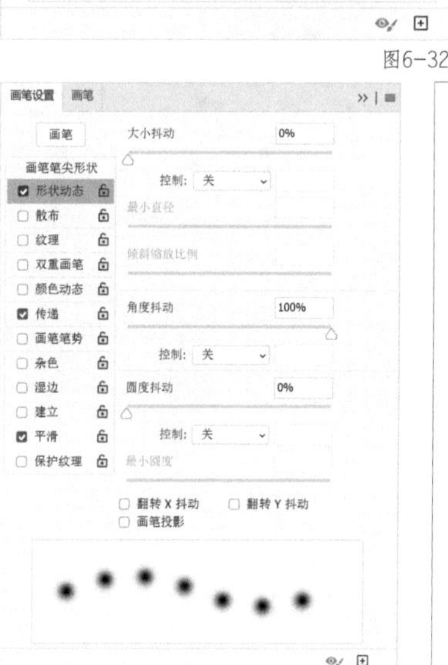

图6-35

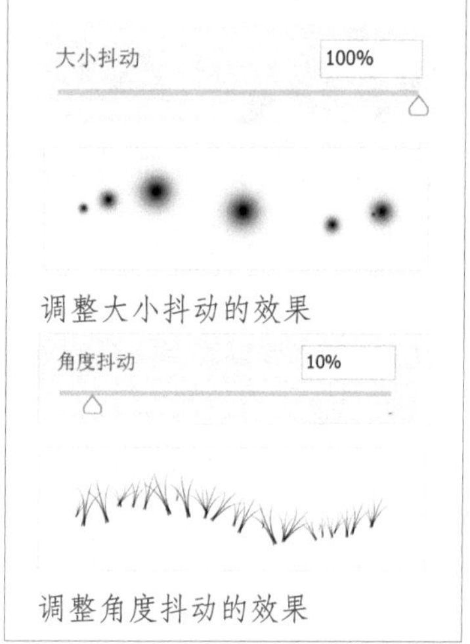

图6-36

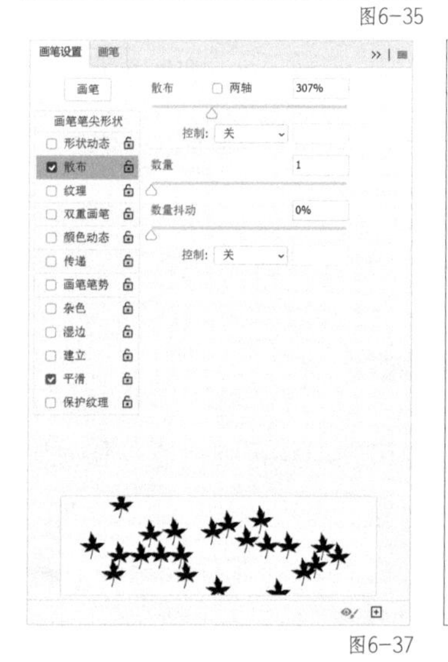

图6-37

图6-38

项的设置效果如图6-40所示。

▍传递。传递用于控制笔触的不透明度抖动，对应面板如图6-41所示。调节“不透明度抖动”和“流量抖动”的效果差别不大，如图6-42所示。调节笔触的不透明度抖动效果时，多通过调节“不透明度抖动”来实现，其数值越大，不透明度变化越明显。

图6-39

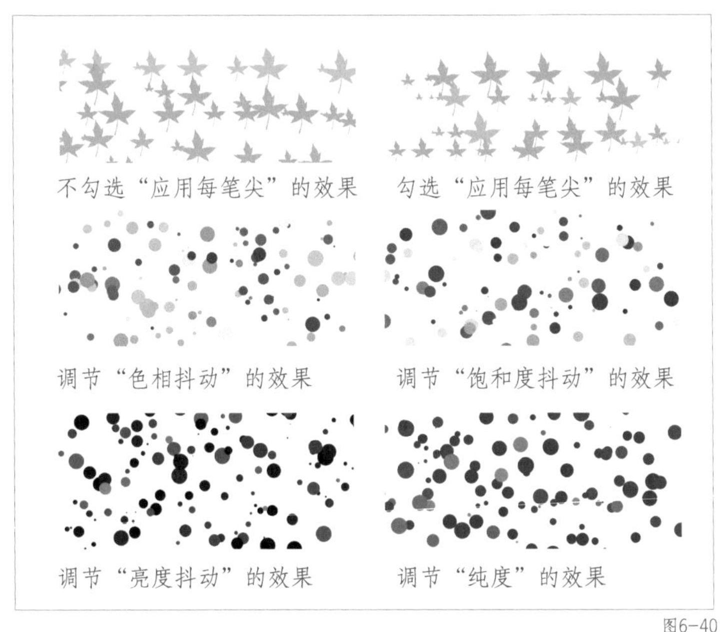

图6-40

提示 若要复位画笔设置，可单击画笔设置面板右上角的≡按钮，选择“复位所有锁定设置”，并将画笔笔尖形状面板中的“间距”值调到1%。

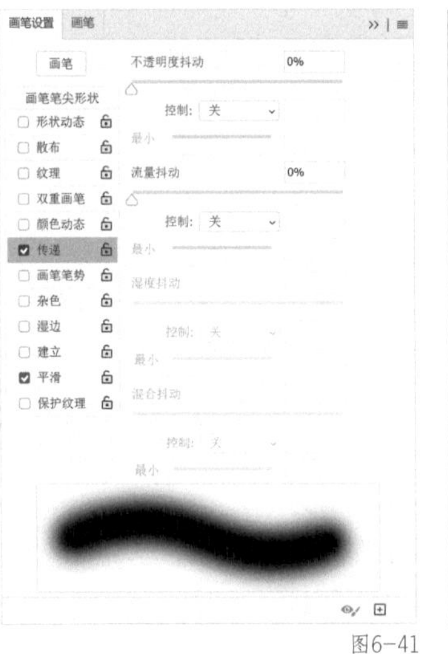

图6-41

图6-42

知识点 3 使用画笔工具描边路径

画笔工具除了可以绘图外，也可以与路径结合制作特殊图像效果。常利用钢笔工具绘制曲线路径，再选择合适的画笔笔触对路径进行描边效果的添加，其具体操作如下。

新建任意大小的文档，选择钢笔工具绘制曲线路径。新建图层并选中此图层，选择画笔工具，设置笔头为柔边圆，并设置笔触大小为10像素。用鼠标单击“路径”打开路径面板，选中绘制的路径图层，单击鼠标右键，在弹出的快捷菜单中选择“描边路径”，在弹出的对话框中设置工具为“画笔”，单击“确定”按钮，即可沿路径生成粗细为10像素的线条，如图6-43所示。

绘制好路径后，在属性栏中单击画笔压力按钮 或者在画笔设置面板中单击“形状动态”选项，将“控制”选项设置为“钢笔压力”。进入路径面板，在描边路径对话框中设置工具为“画笔”，并勾选“模拟压力”选项，单击“确定”按钮，得到两头有收缩尖角效果的曲线，如图6-44所示。

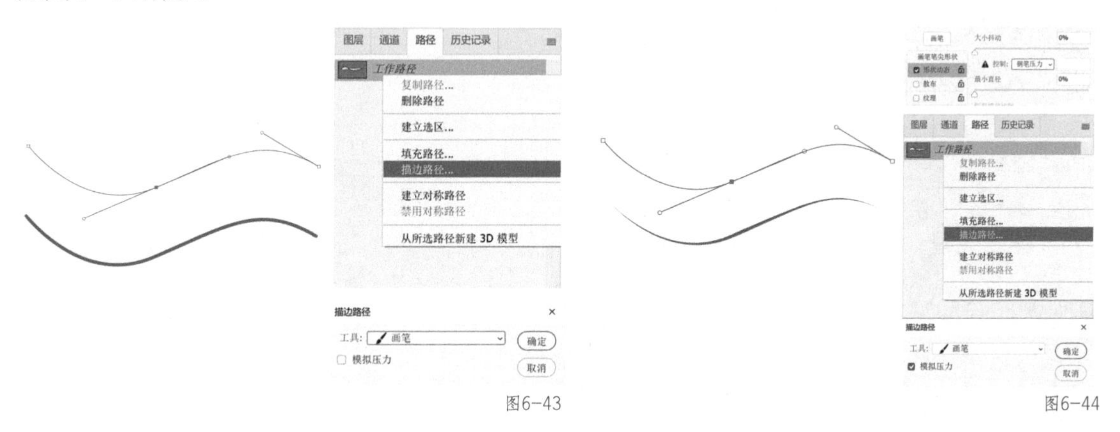

图6-43

图6-44

提示 绘制好路径后，新建图层并选择画笔工具设置画笔笔触和粗细后，按Enter键可快速实现使用画笔工具描边路径的效果。

第4节 橡皮擦工具组

在图像的绘制过程中，当需要对图像进行修改或擦除时，可以使用橡皮擦工具。橡皮擦工具组中包括橡皮擦工具、背景橡皮擦工具和魔术橡皮擦工具。下面分别对它们进行讲解。

知识点 1 橡皮擦工具

选择橡皮擦工具 ，直接在图像上涂抹即可擦除图像。当被擦除的图层为背景图层时，被擦除的部分会显示为背景色。当被擦除的图层为普通图层时，被擦除的部分将变为透明区域。橡皮擦工具属性设置的方法与画笔工具相同，此处不再赘述。

知识点 2 背景橡皮擦工具

背景橡皮擦工具 可以擦除当前图层中指定颜色的区域，被擦除的部分将变为透明区域。

选择背景橡皮擦工具，需要先在图像中单击一次，此时会对要擦除的颜色进行取样，然后反复在图像中进行涂抹，与被取样颜色相同区域将会被擦除，如图6-45所示。

图6-45

知识点 3 魔术橡皮擦工具

魔术橡皮擦工具 可以擦除图像中相近的颜色区域，被擦除的部分将会变为透明区域。与魔棒工具类似，在其属性栏中设置好容差值，在需要擦除的区域单击，与单击处颜色相近的区域将被擦除掉。被擦除的部分将会变为透明区域，如图6-46所示。

图6-46

综合案例 风景插画

请结合本课提供的图6-47进行风景插画的绘制。绘制风景插画可以巩固绘图工具的操作技巧知识。

文档尺寸：1920像素x1080像素

分辨率：72像素/英寸

颜色模式：RGB

1. 寻找灵感

在绘制插画时，可以从一些摄影作品中寻找灵感，结合实物照片确定作品的画面布局，然后寻找想绘制的风格的插画作品，将其作为作品的风格参考。例如，本案例布局参考图6-47所示的图像，风格借鉴图6-48所示的图像。

图6-47

图6-48

2. 绘制扁平图像

利用钢笔工具和形状工具描摹摄影作品，提炼出插画内容。将其他形状填充为纯色，将天空填充为渐变色，如图6-49所示。

3. 风格参考

参考图6-48所示图像的风格和配色，调整房屋与灯塔的颜色，如图6-50所示。

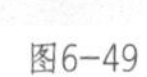

图6-49

图6-50

4. 丰富堤坝的明暗区域

使用钢笔工具为堤坝添加阴影和高光色块，丰富画面细节，如图6-51所示。

5. 为天空和水面添加细节

使用钢笔工具和椭圆工具绘制天空中的云彩和水面的波光，如图6-52所示。

图6-51

图6-52

6. 绘制树木和飞鸟

为了使画面更加灵动、色彩更加丰富，可以添加一些树木和飞鸟作为装饰元素，如图6-53所示。

图6-53

本课练习题

1. 选择题

（1）下列哪些操作可以为形状图层进行颜色填充？（　　）。

A. 按快捷键Alt+Delete 填充

B. 按快捷键Ctrl+Delete填充

C. 双击形状层缩览图弹出拾色器对话框选择颜色

D. 在属性栏中单击“填充”按钮

（2）要在直线转折点和平滑曲线转折点之间进行转换，可以使用（　　）工具。

A. 转换点　　B. 添加锚点　　C. 自由钢笔　　D. 删除锚点

（3）在钢笔工具的使用过程中，按住（　　）键可以切换到直接选择工具。

A. Shift　　B. Ctrl　　C. Alt　　D. Enter

参考答案：（1）A、B、C、D；（2）A；（3）B。

2. 判断题

（1）使用矩形工具绘制的矩形，不可以修改大小，也不可以设置圆角。（　　）

（2）进行布尔运算后的图形，在属性栏布尔运算下拉列表中选择“合并组件”，可使多个路径合并为一个。（　　）

参考答案：（1）×；（2）√。

3. 操作题

请参考本课提供的图6-54所示的风景照片绘制风景插画。风格可参考图6-55所示的图像（此图仅作为风格借鉴，并不是最终结果）。

图6-54

图6-55

文档尺寸：1920像素x1080像素

分辨率：72像素/英寸

颜色模式：RGB

操作题要点提示

1. 参照风景图片使用钢笔工具和基本形状工具绘制插画的基本轮廓并确定主色调。
2. 结合参考风格，使用钢笔工具和直接选择工具细化房子的细节。
3. 利用形状布尔运算和直接选择工具为地面添加明暗面。
4. 使用钢笔工具和基本形状工具添加云朵和一些线条细节。
5. 利用钢笔工具和基本形状工具为画面增加装饰元素，如飞鸟或草木等。

第 7 课

文字工具

文字是设计中最重要的元素之一，它不仅起到说明设计意图的作用，还起着美化版面的作用。文字工具可以进行很多与文字有关的设计，包括字体设计、文字特效设计、图文排版设计等。本课将详细讲解文本的输入方式和文字工具的使用技巧。

本课知识要点

- ◆ 点文本
- ◆ 段落文本
- ◆ 路径文本
- ◆ 区域文本
- ◆ 将文字转换成形状

第1节 点文本

文本的输入方式有点文本、段落文本、路径文本和区域文本。文字工具的功能是输入文本，文字工具组中包括横排文字工具T、直排文字工具IT、直排文字蒙版工具IT和横排文字蒙版工具T。下面将详细讲解这些工具的使用技巧。

知识点 1 点文本的输入与编辑

横排文字工具T和直排文字工具IT是最常用的。横排文字工具可以输入水平方向的文本，而直排文字工具可以输入垂直方向的文本。

在工具箱中选择横排文字工具T或直排文字工具IT，在画布上单击即可创建一个单行文本，这个文本被称为点文本，如图7-1所示。

图7-1

在输入文字时，将鼠标指针移到文本框外，当鼠标光标变成移动工具时，即可移动文字的位置。

在属性栏中单击“切换文本取向”按钮IT，可以改变文本的方向。单击“创建文字变形”按钮I，在弹出的变形文字对话框中可以设置文字的变形样式及变形程度，如图7-2所示。

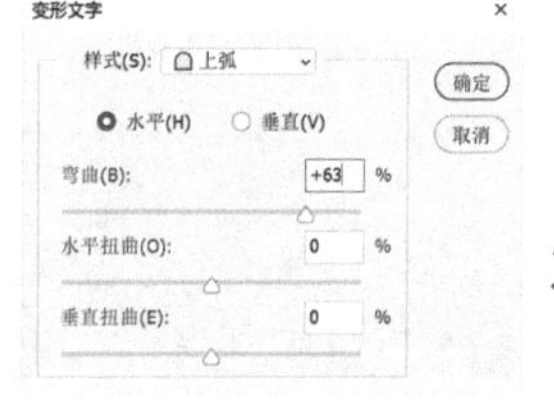

图7-2

单击属性栏中的“确定”按钮✓或按快捷键Ctrl+Enter可以结束文本的输入。单击

“取消”按钮⊘或按Esc键可以取消当前输入。

结束文本输入后，可以在属性栏中设置文字的字体、字号、颜色等，如图7-3所示。

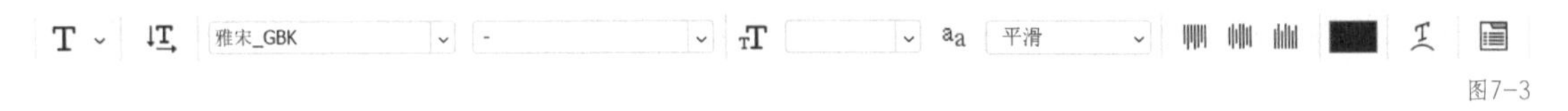

图7-3

提示 结束文本输入后，若要重新编辑文本，可双击文字图层的缩览图，或使用文字工具在画布上单击需要编辑的文字。

知识点 2 字符面板

选择文字工具，单击属性栏中的▤按钮可以打开字符面板，如图7-4所示。在字符面板中可设置文字的各种属性。

字符面板中常用属性的含义如下。

- 字体。在其下拉列表中可以为选中的文字设置相应的字体。
- 字号T。字号用于设置文字的大小。在文本框中输入数值或在字号图标上拖曳鼠标指针都可以调整文字的大小。当文本处于编辑状态时选中文字，按快捷键Ctrl+Shift+>可以放大字号，按快捷键Ctrl+Shift+<可以缩小字号。

图7-4

- 行间距A。行间距用于设置多行文本行与行之间的距离。实际工作中通常设置行间距为字号的1.5 ~ 2倍，效果如图7-5所示。当文本处于编辑状态时选中文字，按快捷键Alt+↑可以缩小行距，按快捷键Alt+↓可以增大行距。

图7-5

▌所选字符间距 VA。当文本处于编辑状态时，可以设置选中的字符之间的距离，如图7-6所示。按快捷键Alt+←可以缩小字间距，按快捷键Alt+→可以增大字间距。

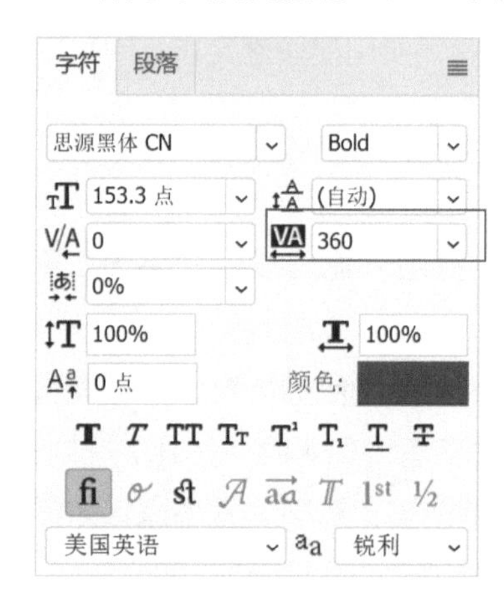

图7-6

▌颜色设置。单击该按钮打开拾色器对话框，可以修改文字的颜色。

▌特殊样式设置按钮。该按钮用于设置文字效果，如仿粗体、仿斜体和全部大写字母等，效果如图7-7所示。

▌消除锯齿 aa。默认为锐利或平滑。选择“无”，文字会出现锯齿，其他选项的区别并不明显。当文字字号很小时设置为“无”可以使文字变得清晰，如图7-8所示。

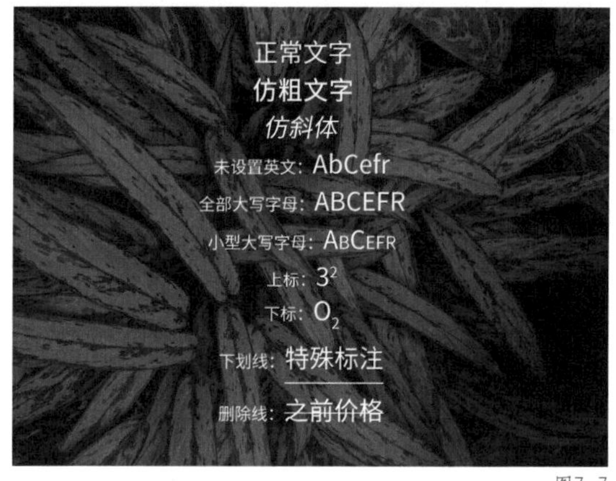

图7-7

其他状态下效果
“无”状态下效果
sleeping
sleeping

图7-8

知识点 3 文字蒙版工具

文字蒙版工具可以创建无颜色填充的选区。选择横排文字蒙版工具或直排文字蒙版工具，在画布中单击，输入文字。结束文本输入后，会形成文字选区，可以对该选区填充颜色或图案，如图7-9所示。

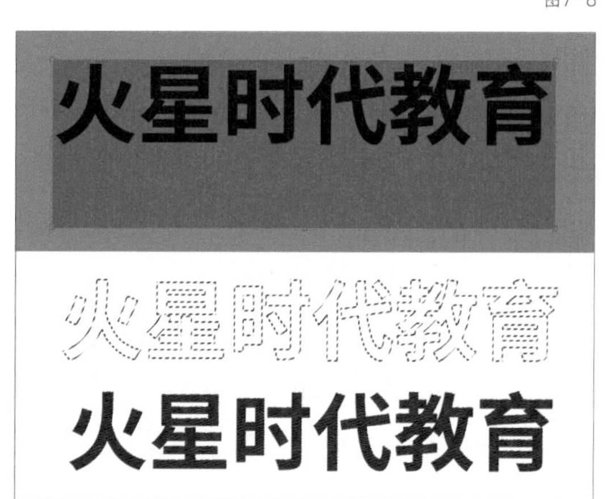

图7-9

第2节 段落文本

点文本适用于输入标题或单行文字，若需要输入大段文本，就需要创建段落文本。

知识点 1 段落文本的输入与编辑

选中文字工具，在画布上拖曳鼠标指针可以绘制矩形文字框用来输入段落文字，如图7-10所示。

将鼠标指针移到文本框的边缘上，当鼠标指针变为双向箭头时拖曳鼠标指针，可以调整文本框的大小，文本内容会自动适应文本框的大小。当文本框右下角出现⊞时，如图7-11所示，表示有溢流文本，即有一部分文字无法显示。此时将文本框调大，直到文本溢流提示图标消失，即可显示被隐藏的文字。

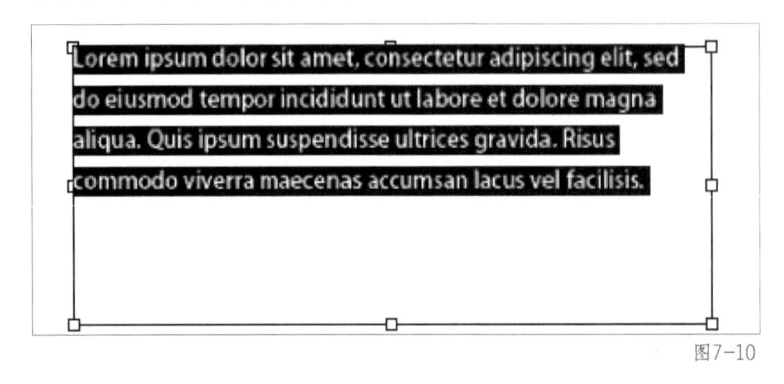

图7-10

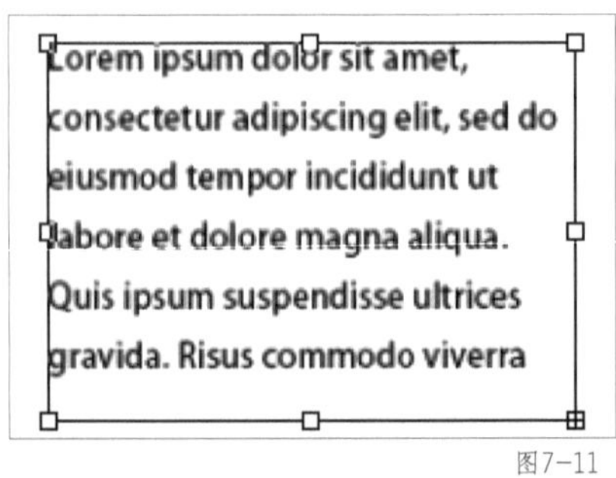

图7-11

提示 段落文本和点文本可以相互转换，在段落文本图层上单击鼠标右键，在弹出的快捷菜单中选择“转换为点文本”即可将段落文本转换为点文本。同样，若图层为点文本图层，在弹出的快捷菜单中选择“转换为段落文本”可以将点文本转换为段落文本。注意，点文本没有文本框，不能通过文本框调整点文本的显示区域。

知识点 2 段落面板

输入较多文字时，在字符面板中进行相关字符设置后，还需要段落面板中对段落进行对齐方式等设置。段落面板如图7-12所示。

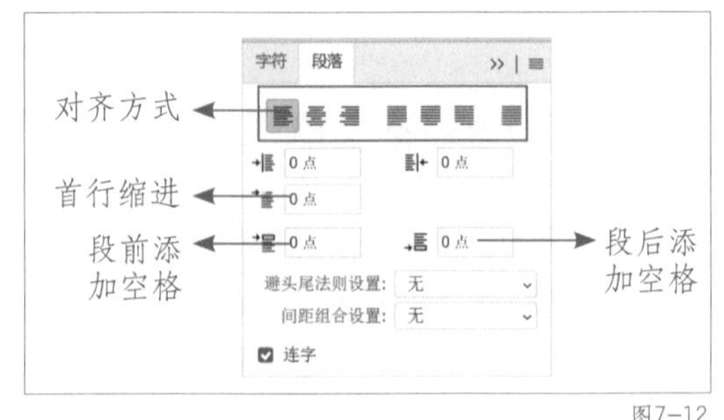

图7-12

▌对齐方式。对齐方式用于设置文本的对齐方式。选中需要对齐的文字，单击相应按钮即可设置对齐方式，如图7-13所示。

▌首行缩进。首行缩进用于设置段落第一行的缩进量，如图7-14所示。

▌段前添加空格。段前添加空格用于设置每段文字与前一段文字的距离。以图7-15所示为例，第一段文字设置了段前添加空格。注意进行文字段间距设置时，段前、段后添加空格设置其一即可。

▌避头尾法则设置。避头尾法则设置用于设置换行是宽松还是严谨。段落排版时经常会出现标点符号在行首的现象，在实际工作中设置段落文本的避头尾法则为“严格”，可避免标点符号出现在行首。

图7-13

图7-14

图7-15

第3节 路径文本

路径文本可以使输入的文字沿指定的路径进行排列，从而创建出更加丰富的文字效果。

知识点 1 建立路径文本

选择钢笔工具或形状工具，在属性栏中设置工具模式为“路径”。绘制一条路径。然后选择文字工具，将鼠标指针移到该路径上，当鼠标指针变为 时，在路径上单击，此时输入的文字会沿该路径排列，如图7-16所示。

图7-16

知识点 2 调整路径文本

在路径上输入文字后，可以使用路径选择工具或直接选择工具调整文字在路径上的位置。调整文字在路径上的位置主要包括以下几种操作方法。

- 选择路径选择工具，将鼠标指针移到路径文本的左端，当鼠标指针变为 时，左右拖曳鼠标指针可以调整路径文字起点的位置。
- 将鼠标指针移到路径文本的右端，当鼠标指针变为 时，左右拖曳鼠标指针可以调整路径文字终点的位置。隐藏路径右端文本，反方向拖曳即可重新显示被隐藏的文字。
- 将鼠标指针移到路径文字上方，当鼠标指针变为 时，左右拖曳鼠标指针可以使文字整体左右移动。
- 将鼠标指针移到路径文字的左端、右端或中点时，上下拖曳鼠标指针可调整文字在路径两侧的位置。

第4节 区域文本

除了段落文本框外，用户还可以绘制任意的封闭路径来制作区域文本。

首先使用钢笔工具或形状工具绘制闭合路径。选择文字工具，将鼠标指针移动到封闭路径区域内，当鼠标指针变成 时，单击输入文字。此时，文本内容会自动适应绘制的封闭路径，如图7-17所示。

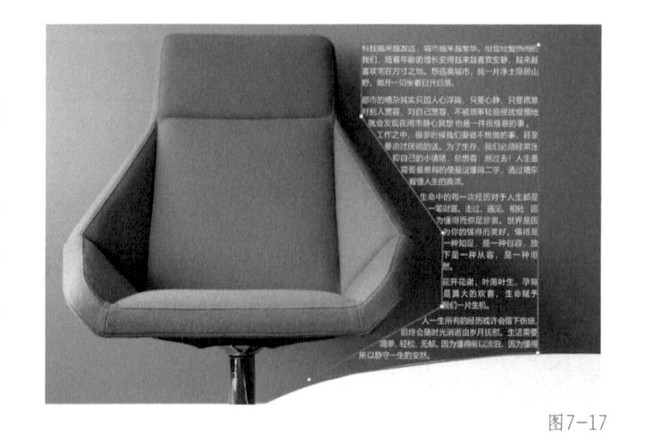

图7-17

提示 无论是路径文本，还是区域文本，用户都可以使用添加锚点工具、删除锚点工具和转换点工具对路径进行编辑。也可以使用直接选择工具调整路径上锚点的位置及手柄。路径形状改变的同时，文字效果也会随之改变。

第5节 将文字转换成形状

在设计工作中将文字转换为形状，在原有字形的基础上对文字外观进行重新设计，可以使文字更加符合设计主题。

具体操作如下。使用文字工具，输入文字后，在图层面板中的文字图层上单击鼠标右键，在弹出的快捷菜单中选择“转换为形状”即可将文字图层转换为形状图层。此时可以设置形状属性，还可以利用直接选择工具、钢笔工具等对文字的形状进行重新编辑，如图7-18所示。

图7-18

综合案例 文字海报

请根据本课提供的图7-19所示的素材输入文字内容制作文字海报。读者通过设计海报可以学习如何进行文字的排版设计，海报最终效果如图7-20所示。

文档尺寸：1080像素x1920像素

分辨率：72像素/英寸

颜色模式：RGB

1. 设计思路

根据背景图片的构图方式设定文案为左右排版。在配色上，标题颜色可参照图片背景，点缀颜色可与图片主体物鸡蛋同色系，这样可以使画面的色彩协调统一。

2. 划分文案的信息层级

通读文案，划分信息的主次关系，然后根据信息的主次关系进行排版。例如，标题最为重要，在排版时需要着重突显。其次是副标题，最后是正文。初步排版效果如图7-21所示。

图7-19

图7-20

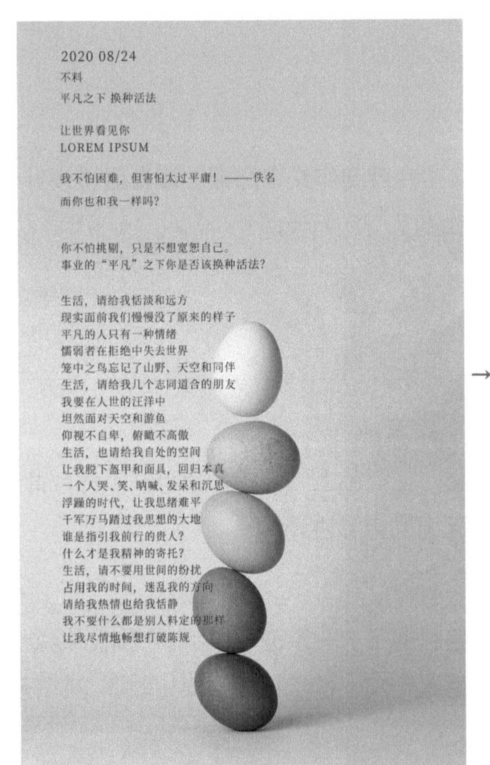

→

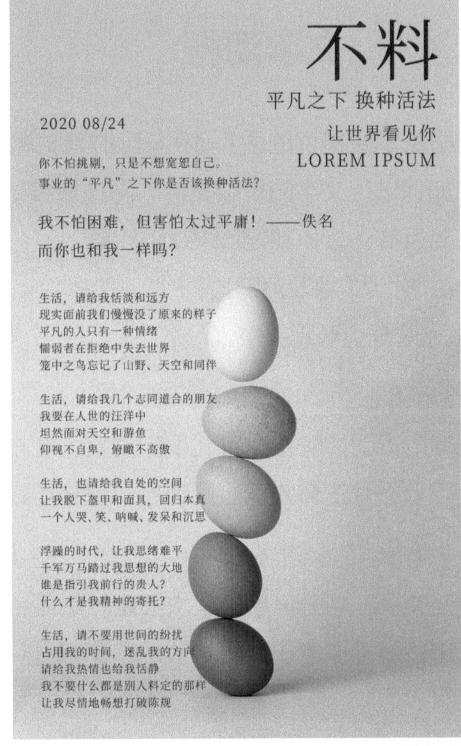

图7-21

3. 设置字体、字号与颜色

根据信息层级进一步优化文案的排版方式，效果如图7-22所示。调整文字的字体、字号，并根据版面调整文字的位置、字间距和行距等，结合背景色调给文字设置不同的颜色，效果如图7-23所示。

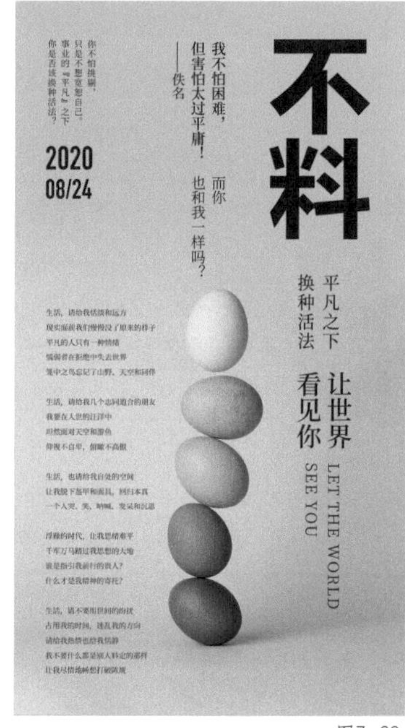

图7-22

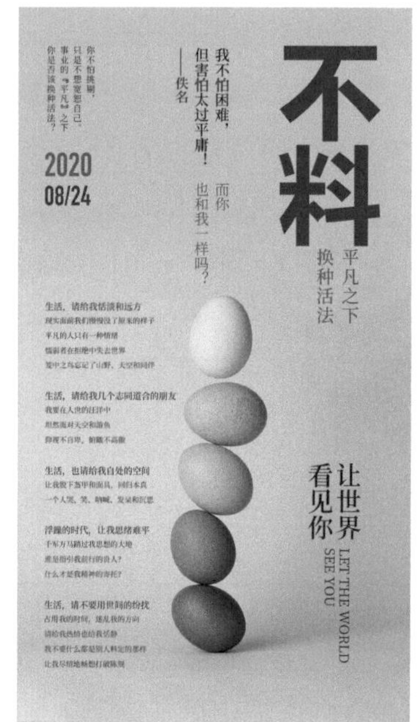

图7-23

图7-24

4. 设计标题

复制主标题图层，并将复制的标题图层转换为形状。设置主标题形状的填充为无颜色、描边为白色。为需要凸显的文案添加线框，与标题呼应，如图7-24所示。

5. 添加装饰元素

使用形状工具添加装饰元素，使画面氛围更加活泼。进行图层的整理和编组，图层顺序如图7-25所示。

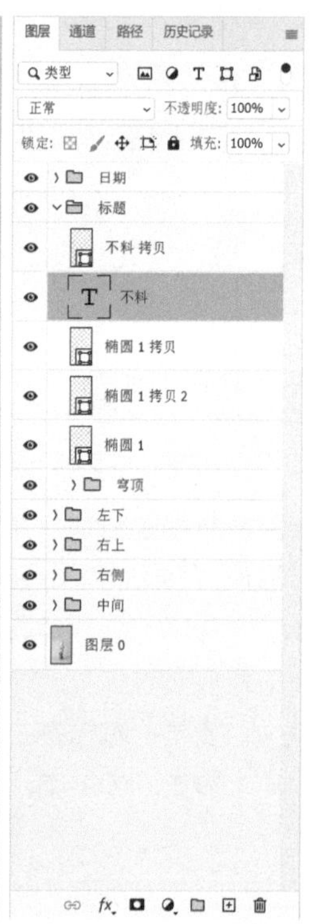

图7-25

本课练习题

1. 选择题

（1）下列快捷键中可进行行间距调整的是（　　）。

A. Alt+ ↑ 缩小行间距　　B. Alt+ ↓ 增大行间距

C. Alt+→ 缩小行间距　　D. Alt+← 增大行间距

（2）下列快捷键中可进行文字字号大小调整的是（　　）。

A. Shift+ Ctrl+> 放大字号　　B. Alt +Ctrl+< 缩小字号

C. Alt+ Ctrl+> 放大字号　　D. Shift+Ctrl+< 缩小字号

参考答案：（1）A、B；（2）A、D。

2. 判断题

（1）路径文本和区域文本是同一种文本形式。（　　）

（2）点文本是单击后输入的文本，段落文本是拖曳鼠标指针形成文本框后输入的文本。（　　）

参考答案：（1）×；（2）√。

3. 操作题

请结合本课提供的图7-26所示的素材输入文字内容进行文字海报设计，最终效果如图7-27所示。

文档尺寸：1080像素x1920像素

分辨率：72像素/英寸

颜色模式：RGB

图7-26

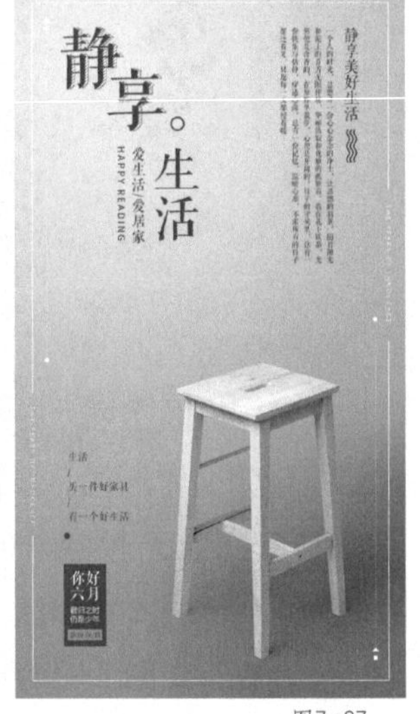

图7-27

操作题要点提示

步骤1 根据提供的文本内容划分文本内容的层级。

步骤2 结合背景规划文本内容的布局，将标题、副标题和详细信息通过字体大小和间距进一步增强它们的层级差别。

步骤3 选择合适的字体对应标题、副标题和详细信息，并通过不同颜色的填充强化它们的主次关系。

步骤4 对标题进行设计，除将文字转换成形状以外，可设置描边也可填充图案，丰富标题细节。

步骤5 添加点、线、面等元素丰富画面细节。

第 8 课

蒙版的应用

蒙版是Photoshop中最重要的知识之一。在进行图像编辑时，常常需要保护一部分图像，使其不受各种操作的影响，这时就需要用到蒙版。它具有类似选区的保护作用，而且相比选区增加了隐藏图像的功能。常用的蒙版有快速蒙版、图层蒙版、剪贴蒙版。Photoshop 2020还新增了图框工具，其作用与蒙版相同。本课主要讲解这几种蒙版的使用方法和操作原理。

本课知识要点

- ◆ 快速蒙版
- ◆ 图层蒙版
- ◆ 管理图层蒙版
- ◆ 剪贴蒙版
- ◆ 图框工具

第1节 快速蒙版

快速蒙版可以在图像上创建一个临时的蒙版效果，方便编辑。打开图像后，单击工具箱最下方的“快速蒙版”按钮◙，即可进入快速蒙版状态。

选中工具箱中的画笔工具，将前景色和背景色复位为黑色和白色，并调整画笔的大小与硬度，在画布上涂抹，可以看到涂抹的区域呈现为半透明的红色，如图8-1所示。

图8-1

再次单击“快速蒙版”按钮◘，可以退出快速蒙版状态。此时画笔没有涂抹的区域会被选中，形成选区，如图8-2所示。按快捷键Ctrl+Shift+I可以反转选区，按快捷键Ctrl+J可以将涂抹的区域抠出，如图8-3所示。

图8-2

图8-3

提示 在快速蒙版状态下，黑色画笔用于涂抹，白色画笔用于擦除。当涂抹错误需要擦除或修正时，可以按X键将画笔颜色切换为白色来擦除错误的部分。

第2节 图层蒙版

蒙版是一种遮罩工具，可以把图像中不需要显示的部分遮挡起来。图层蒙版的优势在于不会损坏图像本身，能对图像起保护作用，方便后期随时修改。

在图层面板中选中要添加图层蒙版的图层，单击图层面板下方的“添加图层蒙版”按钮 ◘，即可为图层添加图层蒙版。此时该图层缩览图右侧会出现一个白色的图层蒙版缩览图，如图8-4所示。图层蒙版默认为白色，图像默认为显示状态。

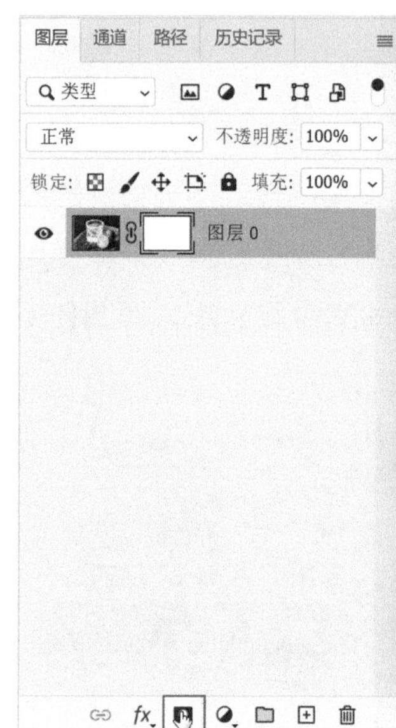

图8-4

在图层面板中单击图层蒙版缩览图即可选中图层蒙版。在选中图层蒙版的状态下，用黑色画笔在画布上涂抹，涂抹的区域在图层蒙版缩览图中显示为黑色，对应区域的图像在画布上变为完全透明。图层蒙版缩览图中显示为白色的部分，对应区域的图像在画布上变为完全不透明；图层蒙版缩览图中显示为灰色的部分，对应区域的图像在画布上变为半透明，如图8-5所示。

图8-5

提示 按住Alt键在图层面板中单击“添加图层蒙版”按钮可添加黑色蒙版，图像为隐藏状态。

第3节 管理图层蒙版

图层蒙版的管理包括编辑图层蒙版、移动图层蒙版、停用和启用图层蒙版、进入图层蒙版、应用图层蒙版和删除图层蒙版等。下面就针对图层蒙版的管理进行详细讲解。

知识点 1 编辑图层蒙版

编辑图层蒙版是指根据需要隐藏或显示图像，并使用适合的工具来调整图层蒙版中的黑色区域和白色区域。编辑图层蒙版常用的工具有画笔工具、钢笔工具、选区工具、渐变工具等。

1. 使用画笔工具编辑图层蒙版

使用画笔工具编辑图层蒙版可以灵活地结合画笔工具的笔触大小和笔刷样式实现特殊的图像合成效果。黑色画笔用于隐藏图像，白色画笔用于显示图像。普通的合成过渡效果多使用柔边圆笔头，同时结合画笔的不透明度，涂抹图层蒙版实现图层之间的合成需求，如图8-6所示。也可以使用艺术笔刷实现特殊合成效果，如图8-7所示。

图8-6

提示 使用画笔工具编辑图层蒙版时，可调整画笔的不透明度来实现半透明效果。选中图层蒙版，前景色与背景色默认为黑色和白色，按X键可切换画笔颜色，根据实际需要在图层蒙版上进行涂抹，从而实现对图像的隐藏或显示。

2. 使用钢笔工具编辑图层蒙版

当需要对图层蒙版进行精准的编辑时，可以使用钢笔工具。在添加图层蒙版之前，先用钢笔工具绘制路径，得到选区后再添加图层蒙版。此时，图层蒙版的选区内自动填充为白色，选区外自动填充为黑色，这种方法常在抠图时使用。

图8-7

以图8-8所示的图像为例，使用钢笔工具绘制精确的路径，按快捷键Ctrl+Enter将路径转换为选区，如图8-9所示，单击图层面板下方的 ◘ 按钮，即可将选区内的图像抠出，如图8-10所示。

提示 在不破坏原图的前提下，想要实现快速抠图目的，可利用选区工具建立图像轮廓选区，再添加图层蒙版实现用图层蒙版抠图的目的。

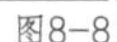
图8-8

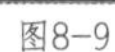
图8-9

3. 使用渐变工具编辑图层蒙版

使用渐变工具在图层蒙版上填充黑白色渐变，可以快速实现图像合成效果，如图8-11所示。

图8-10

图8-11

在图层蒙版上填充黑白色渐变，后一次的效果会覆盖前一次的效果。在实际工作中，有时会需要在图层蒙版上叠加使用多次渐变效果，才能达到合成图像的目的。选择渐变工具，设置渐变色为100%不透明度的黑色到0%不透明度的黑色，如图8-12所示。此时，可在图层蒙版上叠加使用多次渐变效果。

提示 选中图层蒙版，按快捷键Ctrl+I可使图层蒙版黑白反相。此时，图像中显示和隐藏的区域相反。按住Ctrl键并单击图层蒙版缩览图可将图层蒙版中的图像作为一个选区载入。

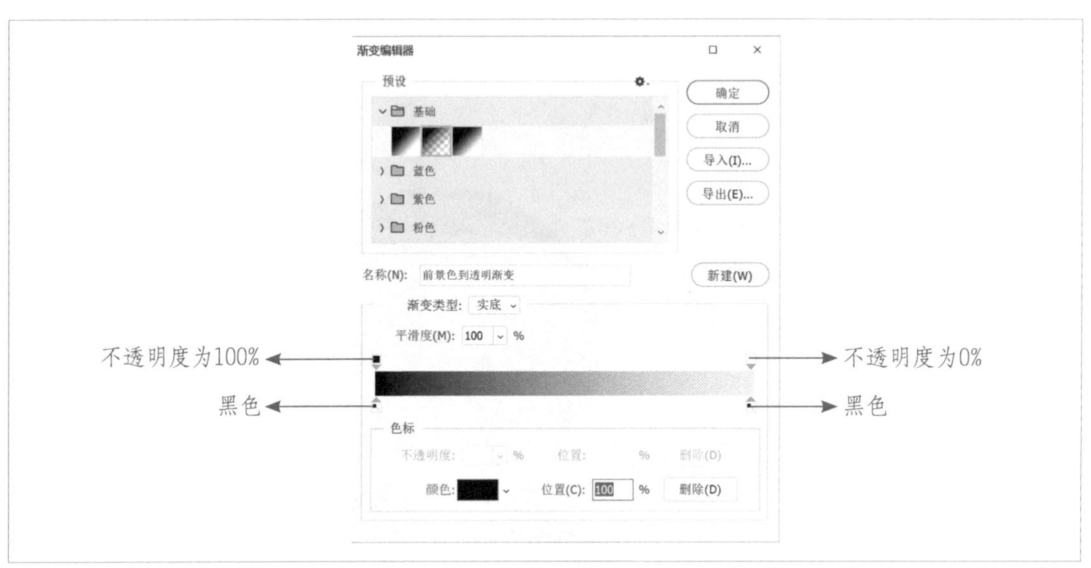

图8-12

知识点 2 移动图层蒙版

默认情况下，图层和图层蒙版之间保持着链接关系，使用移动工具移动图层时，图层蒙版也会随之移动。单击图层与图层蒙版之间的按钮可以取消链接，此时可以独立移动图层或图层蒙版。

知识点 3 停用和启用图层蒙版

按住Shift键单击图层蒙版缩览图可以暂时停用图层蒙版，再次按住Shift键单击图层蒙版缩览图可重新启用图层蒙版。此时图层蒙版中会出现一个红色的“×”，单击即可重新启用图层蒙版。在图层蒙版缩览图上单击鼠标右键，在弹出的快捷菜单中选择“停用图层蒙版”也可以暂时停用图层蒙版，如图8-13所示。

图8-13

知识点 4 进入图层蒙版

按住Alt键单击图层蒙版缩览图可以进入图层蒙版，并在工作区中显示图层蒙版，如图8-14所示。再次按住Alt键单击图层蒙版缩览图，可退出图层蒙版返回到图像状态，单击图层缩览图也可以退出图层蒙版。

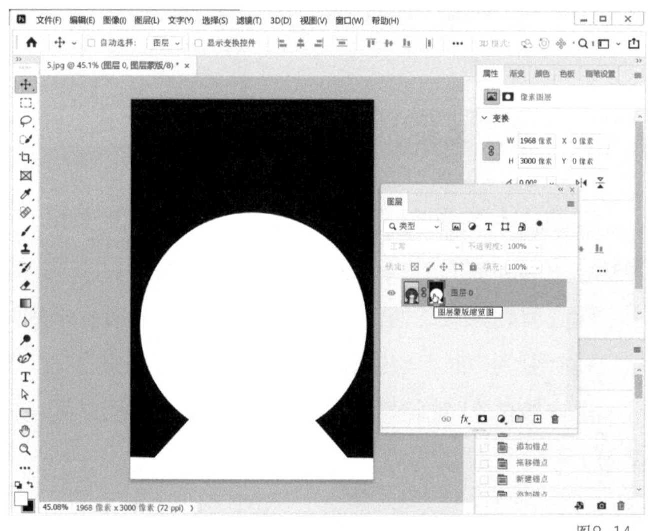

图8-14

知识点 5 应用图层蒙版

应用图层蒙版是指删除图层蒙版中与黑色区域对应的图像，保留与白色区域对应的图像，删除与灰色区域对应图像的部分像素。在图层蒙版上单击鼠标右键，在弹出的快捷菜单中选择“应用图层蒙版”即可，如图8-15所示。

提示 当图层为形状图层或智能对象图层时，“应用图层蒙版”不可用，需要先将图层栅格化为普通图层。

图8-15

知识点 6 删除图层蒙版

删除图层蒙版即指取消图层蒙版对当前图层的遮挡作用。只需在图层蒙版缩览图上单击鼠标右键，在弹出的快捷菜单中选择“删除图层蒙版”即可。也可直接将图层蒙版拖曳到图层面板下方的🗑按钮上进行删除。

第4节 剪贴蒙版

剪贴蒙版是指使上下两个图层之间产生遮挡关系，用上层图层中的内容来覆盖下层图层的形状，下层图层的形状决定图像显示的区域。因此剪贴蒙版总是成组出现。

建立剪贴蒙版的方法是按住Alt键将鼠标指针移到需要建立剪贴蒙版的两个图层之间，当鼠标指针变为↓□时，单击鼠标左键即可建立剪贴蒙版，如图8-16所示。

再次按住Alt键将鼠标指针移到这两个图层之间，鼠标指针变为↓□时，单击可以释放剪贴蒙版。

提示 按快捷键Ctrl+Alt+G也可创建和释放剪贴蒙版。

图8-16

第5节 图框工具

图框工具⊠是Photoshop 2020新增加的工具，其作用与剪贴蒙版类似，使图像只能在图框内显示。图框可以独立存在，因此在进行图文排版时，如果没有合适的图片，可以先用图框工具为图像创建占位符，方便后续排版。

在工具箱中选中图框工具⊠，在属性栏中可以选择图框的形状——方形或圆形。在画布中拖曳鼠标指针即可绘制图框。绘制时按住Shift键可以绘制正方形或圆形图框，如图8-17所示。绘制好图框后，图层面板中会生成图框图层。将图像直接拖曳到图框上，则图像只能在图框内显示，如图8-18所示。

此外，也可以先选中需要添加图框的图层，然后使用图框工具绘制图框，为该图层添加图框。

使用图框工具或移动工具在画布中选中图框，拖曳图框边缘的控制点可调整图框的大小，如图8-19所示。拖曳图框边缘可以移动图框和图像的位置。

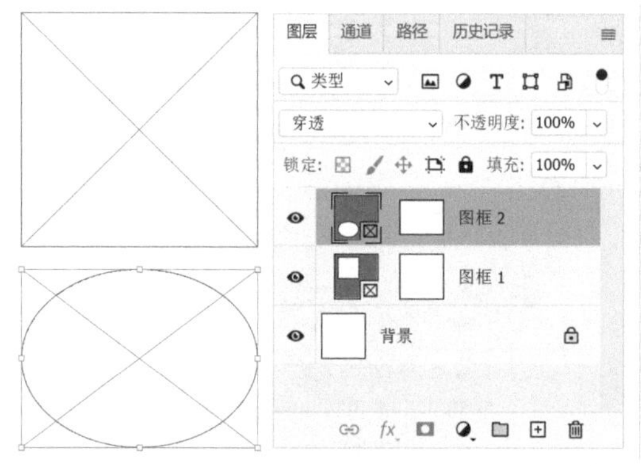

图8-17

图8-18

图8-19

灰色线框代表的是图像的大小和位置。选中并拖曳图像可以调整图像的位置，按快捷键Ctrl+T可以自由调整图像的大小，如图8-20所示。将图像拖曳到图框外即可释放图像，如图8-21所示。

图8-20

提示 当图框图层处于选中状态时，置入的新图像会自动嵌入该图框中。图层面板中无图层选中或选中图层为非图框图层时，将图像置入并拖曳到图框以外的区域，图像将不受图框的影响，且一个图框中只能置入一张图像。

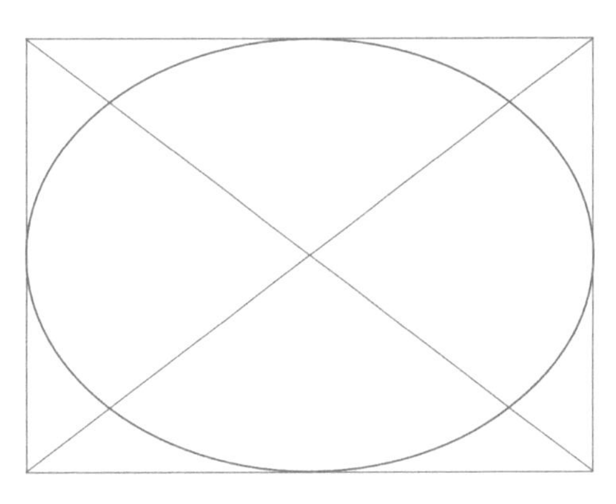

图8-21

综合案例 手机合成海报

利用本课提供的图8-22所示的素材进行手机合成海报。读者通过手机合成海报的制作可以巩固蒙版的操作技能知识。海报最终的参考效果如图8-23所示。

海报尺寸：1080像素x1920像素

分辨率：72像素/英寸

颜色模式：RGB

下面讲解本案例的制作要点。

1. 搭建背景

新建文件，将其背景填充为深棕色，置入背景图并缩放至合适大小，为其添加图层蒙版。背景图与底图之间的过渡可通过在图层蒙版上填充不透明度为100%到0%的黑色渐变来快速实现，如图8-24所示。

图8-22

图8-23

图8-24

2. 导入手机素材

导入手机素材，注意调整其大小和位置，如图8-25所示。

3. 合成手机与背景

给手机素材添加图层蒙版，运用钢笔工具将手机屏幕遮挡以透出背景，再用画笔工具编辑图层蒙版进行细节过渡，如图8-26所示。

4. 导入前景素材

导入前景素材，为其添加图层蒙版，用钢笔工具和画笔工具进行编辑，将其上部隐藏下方局部保留，如图8-27所示。

5. 添加文案

在海报底部添加标题“一路向前”及副标题“即使前路崎岖也阻挡不了我前进的脚步”即可。注意标题和副标题的大小对比及位置关系。

图8-25

图8-26

图8-27

本课练习题

1. 选择题

（1）若要进入快速蒙版状态，应该怎么做？（　　）

A. 建立一个选区

B. 单击“图层蒙版”按钮

C. 单击工具箱底部的“快速蒙版”按钮

D. 在“编辑”菜单中执行“快速蒙版”命令

（2）在图层上增加一个蒙版，当要单独移动蒙版时，下面哪种操作是正确的？（　　）

A. 首先单击图层上面的蒙版，然后用移动工具就可以移动了

B. 首先单击图层上面的蒙版，然后执行“选择-全选”命令，用移动工具拖曳

C. 首先解开图层与蒙版之间的链接，然后用移动工具便可以移动

D. 首先解开图层与蒙版之间的链接，再选择蒙版，用移动工具就可以移动了

（3）关于图层蒙版，下列说法错误的是（　　）。

A. 选中图层蒙版，用黑色画笔涂抹，图像上的像素就会被遮住

B. 选中图层蒙版，用白色画笔涂抹，图像上的像素就会显示出来

C. 选中图层蒙版，用灰色画笔涂抹，图像上的像素就会被部分遮住（或呈半透明状态）

D. 图层蒙版一旦建立，就不能被修改

（4）下列关于剪贴蒙版的建立方法错误的是（　　）。

A. 选中上方图层按住Alt键将鼠标指针移到图层之间，出现向下箭头图标时单击即可创建

B. 执行“图层-创建剪贴蒙版”命令即可创建

C. 选中上方图层按快捷键Ctrl+Alt+G建立剪贴蒙版

D. 选中上方图层按住Ctrl键将鼠标指针移到图层之间，出现向下箭头图标时单击即可创建

参考答案：（1）C；（2）D；（3）D；（4）D。

2. 操作题

请利用本课提供的图8-28所示的素材完成合成海报。最终参考效果及图层面板如图8-29所示。

文档尺寸：1080像素x1920像素

分辨率：72像素/英寸

颜色模式：RGB

图8-28

图8-29

操作题要点提示

1. 新建文档，置入湖畔与山洞素材。
2. 为山洞素材添加图层蒙版，使用黑色画笔擦除山洞图层的中心区域。
3. 置入冰素材，使用快速选择工具选中素材底部，然后为其添加图层蒙版。
4. 置入企鹅素材，为其添加图层蒙版，使用黑色画笔擦除企鹅图层的底部，使其与冰图层融合。
5. 为海报添加标题“拥抱自然”和辅助文案“世界因为你的存在而不同”。

第 9 课

图层的高级应用

图层混合模式和图层样式是图层操作中的高级应用，可以为图像实现很多种特殊效果。本课主要讲解图层混合模式和图层样式的操作技巧，从而帮助读者实现更高级的设计。

本课知识要点

- ◆ 图层混合模式
- ◆ 图层样式

第1节 图层混合模式

图层混合模式是指调整当前图层的像素属性，使之与下层图层的像素产生叠加效果。Photoshop 2020中提供了27种效果不同的混合模式，在图层面板的“混合模式”下拉列表中选择不同选项可改变当前图层的混合模式。

正常 溶解	
变暗 正片叠底 颜色加深 线性加深 深色	变暗模式
变亮 滤色 颜色减淡 线性减淡（添加） 浅色	变亮模式
叠加 柔光 强光 亮光 线性光 点光 实色混合	饱和度模式
差值 排除 减去 划分	差集模式
色相 饱和度 颜色 明度	颜色模式

图9-1

除正常模式和溶解模式外，根据混合模式效果的不同，混合模式可分为变暗模式、变亮模式、饱和度模式、差集模式和颜色模式，如图9-1所示。

下面讲解最常用的混合模式——溶解、正片叠底、滤色、叠加和柔光。

知识点 1 溶解

溶解模式多用于实现噪点效果，可配合图层的不透明度使用。新建空白图层，在其中绘制一个矩形，如图9-2所示。选择矩形，在图层混合模式下拉列表中选择“溶解”，并降低矩形图层的不透明度，效果如图9-3所示。

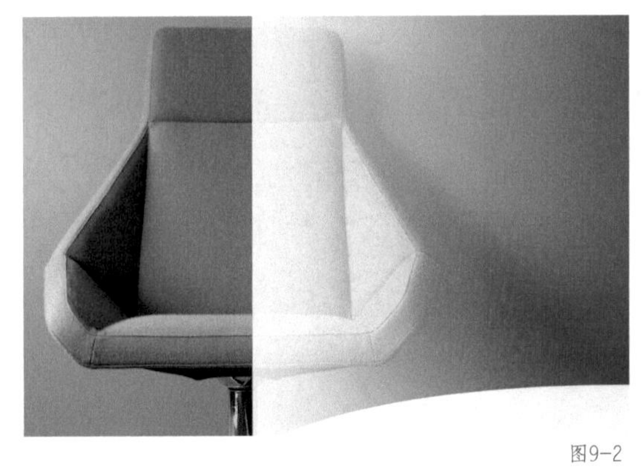

图9-2

图9-3

知识点 2 正片叠底

正片叠底指的是上下两个图层混合使图像整体颜色变暗，同时使图像色彩变得更加饱满。在正片叠底混合模式下，白色与任何颜色混合时都会被替换，而黑色跟任何颜色混合都不变，因此这个混合模式还经常用于去除图层中的白色部分。以图9-4所示的图像为例，将其置入文档后，选中手绘文字图层，将其图层混合模式修改为“正片叠底”，即可得到图9-5所示的效果。

图9-4

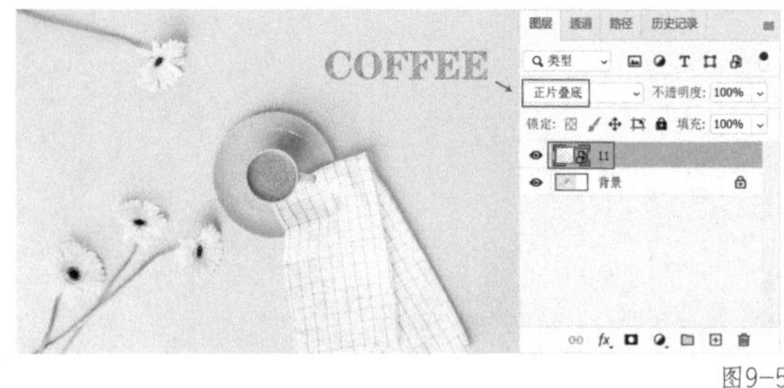

图9-5

知识点 3 滤色

滤色指的是上下两个图层混合使图像整体变亮，产生一种“漂白”的效果。在滤色模式下，如果混合的图层中有黑色，黑色将会消失，因此这个模式也通常用于去除图层中的深色部分，如抠取光斑、火焰等黑底或深色底的素材。以图9-6所示的光斑素材为例，将其置入文档后，选中光斑图层，将其图层混合模式修改为“滤色”，再为其添加图层蒙版将边缘生硬的部分擦除，效果如图9-7所示。

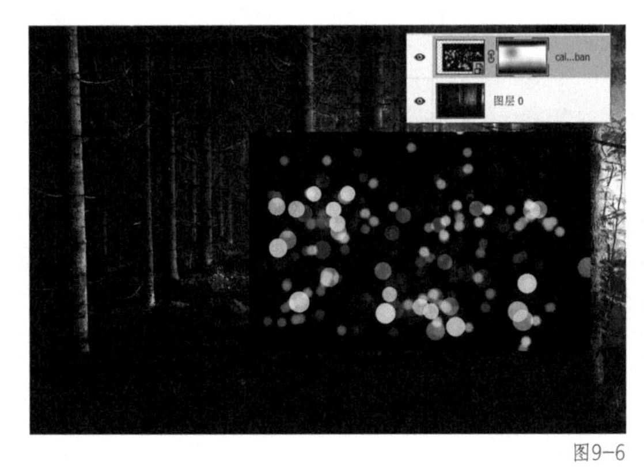

图9-6

图9-7

知识点 4 叠加

叠加指的是上层图像中亮的部分会使最终效果更亮，而上层图像中暗的部分会使最终效果变暗，同时叠加还可以提升图像的饱和度。

以图9-8所示的图像为例，将其置入文档后，选择彩色渐变图层，将其图层混合模式修改为“叠加”，效果如图9-9所示。

知识点 5 柔光

柔光和叠加类似，同样可以使高亮区域更亮、较暗区域更暗，以此增加画面的对比度。二者的区别在于：柔光效果比叠加效果更加柔和，它会使图层之间产生一种柔和的光线效果，如图9-10所示（左为叠加效果，右为柔光效果）。

图9-8

图9-9

图9-10

第2节 图层样式

图层样式是指为图层中的普通图像添加特殊效果，从而制作出具有阴影、斜面和浮雕、描边、渐变等效果的图像。

执行“图层-图层样式”命令，在弹出的子菜单中选择相应的命令即可建立图层样式。单击图层面板底部的“添加图层样式”按钮 fx，在弹出的快捷菜单中选择相应的图层样式也可以创建图层样式。亦可在需要添加图层样式的图层名称右侧空白位置双击，在弹出的图层样式对话框中勾选相应选项进行图层样式的添加，如图9-11所示。

知识点 1 投影

投影图层样式用于模拟物体受到光照后产生的效果，主要用于突显物体的立体感。执行“投影”命令后，在弹出的图层样式对话框中将自动勾选“投影”选项，其参数包括阴影的混合模式、不透明度、角度和距离等，如图9-12所示。

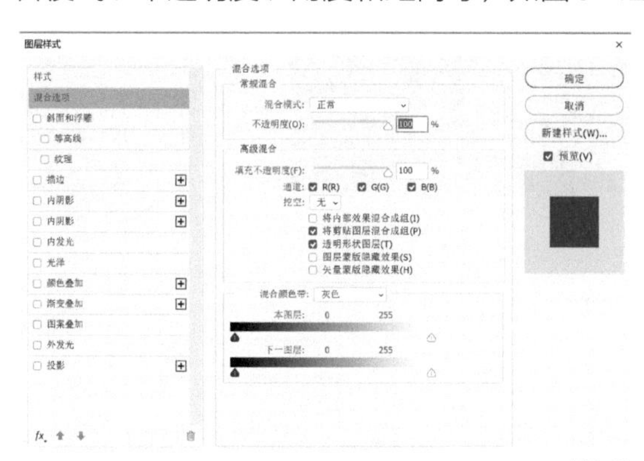

图9-11

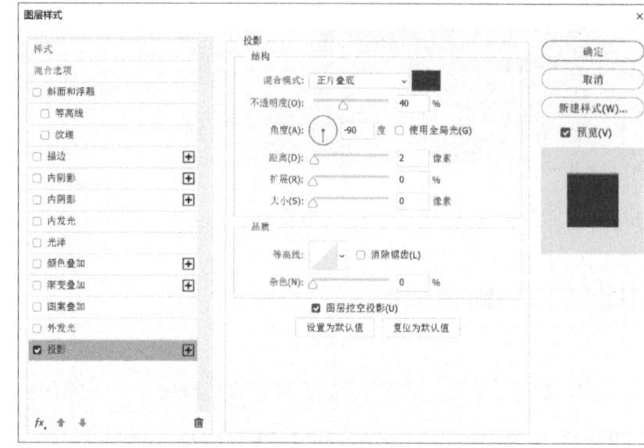

图9-12

1. 投影参数介绍

▌混合模式。默认为“正片叠底”，单击其右侧的下拉按钮即可在打开的下拉列表中选择不同的混合模式。多数情况下使用默认的正片叠底模式，投影效果非常自然。当运用投影图层样式做发光效果时，混合模式一般选择滤色或正常。

▌投影颜色。单击混合模式下拉列表框右侧的色块，即可在弹出的对话框中设置投影的颜色。

▌不透明度。用于设置投影的不透明度，可以拖曳其右侧的滑块或在文本框中输入数值来改变图层的透明度，数值越大，投影颜色越深。

▌角度。用于设置投影的角度，可以拖曳角度指针进行角度的设置，也可以在其右侧的文本框中输入数值来确定投影的角度。

▌“使用全局光”选项。用于设置是否采用相同的光线照射角度。多数情况下不勾选此选项，可保证每个图层的光照方向独立，不被其他图层影响。

▌距离。用于设置投影的偏移量，数值越大，偏移量越大。

▌扩展。用于设置投影的模糊边界，数值越大，模糊的边界越小。

▌大小。用于设置投影模糊的程度，数值越大，投影越模糊。

▌其他选项在图像制作过程中多保持默认状态，故不做进一步讲解。

2．投影图层样式的应用

投影图层样式可产生两种效果，一种是做投影效果，其图层混合模式一般为正片叠底，投影颜色的设置基于背景色的暗色，如黑色，如图9-13所示。另一种是做发光效果，其图层混合模式一般为滤色或正常，投影颜色的设置基于背景色的亮色，如白色，如图9-14所示。

提示 投影样式设置状态下，鼠标指针移到设置面板外，拖曳鼠标可改变投影的位置。

图9-13

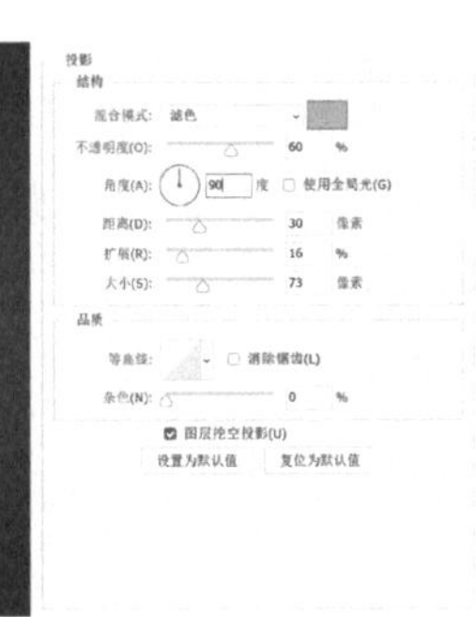

图9-14

知识点 2 外发光

外发光图层样式是指沿着图层的边缘向外产生发光效果。执行“外发光”命令后，在弹出的图层样式对话框中将自动勾选“外发光”选项，其参数包括外发光的混合模式、颜色、不透明度、杂色、扩展和大小等，如图9-15所示。

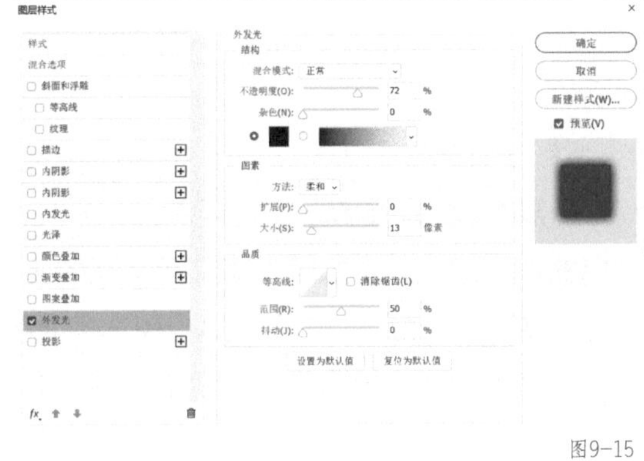

图9-15

1．外发光参数介绍

▌外发光混合模式的设置方法和作用与投影的相同。常用混合模式为正常和滤色。

▌杂色：拖曳滑块或在文本框中输入数值可使外发光具有杂色效果，数值越大，杂色效果越明显。

▌颜色的设置有两种方式——纯色填充和渐变填充。多数情况下使用纯色作为发光颜色。渐变填充可以使外发光颜色渐变过渡，在设计制作中很少使用。

▌外发光中扩展的作用与投影中扩展的作用相同，其作用的范围由下方大小选项的设置决定。

2．外发光图层样式的应用

外发光图层样式可产生两种效果，一种是仅作为发光效果存在，发光颜色多选择白色或接近背景色的高亮颜色，如图9-16所示。另一种是作为噪点效果，可改变杂色的值来实现，一般多用于噪点插画中，如图9-17所示。

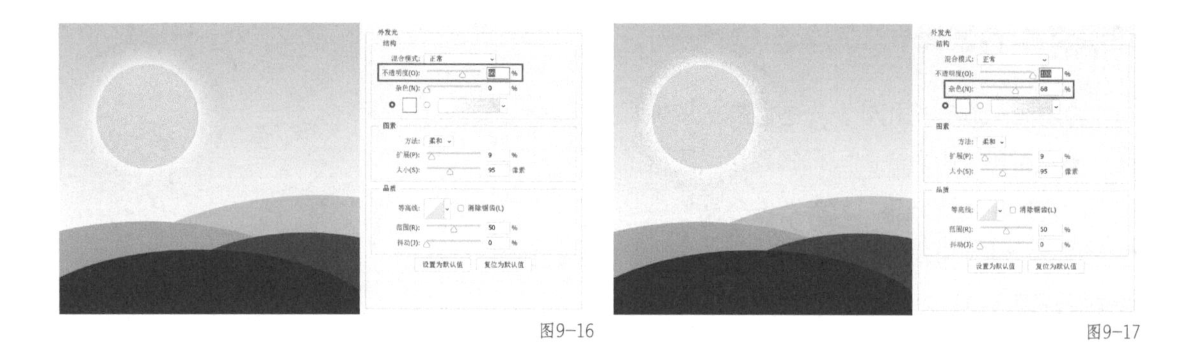

图9-16　　图9-17

知识点 3 渐变叠加

渐变叠加图层样式用于在图层中填充渐变颜色，执行“渐变叠加”命令后，在弹出的图层样式对话框中将自动勾选“渐变叠加”选项，其参数包括渐变颜色、样式、角度和缩放等，如图9-18所示。

1. 渐变叠加参数介绍

- 渐变叠加混合模式的设置方式与其他图层样式的设置方式相同，具体的混合模式应根据需要选择使用，多数的时候选择“正常”。
- 单击渐变色条弹出渐变编辑器对话框，可进行渐变颜色的设置。
- 样式。单击其右侧的下拉按钮可选择线性、径向、对称的、角度、菱形等渐变样式。
- 角度。拖曳角度指针或在文本框中输入数值可改变渐变填充的方向。
- 缩放调节渐变可使其过渡效果更自然。

2. 渐变叠加图层样式的应用

该图层样式可应用于任何类型的图层上，一些特殊图层（如文字图层和形状图层）无法使用渐变工具填充渐变，便可通过该图层样式的添加来实现渐变效果，如图9-19所示。

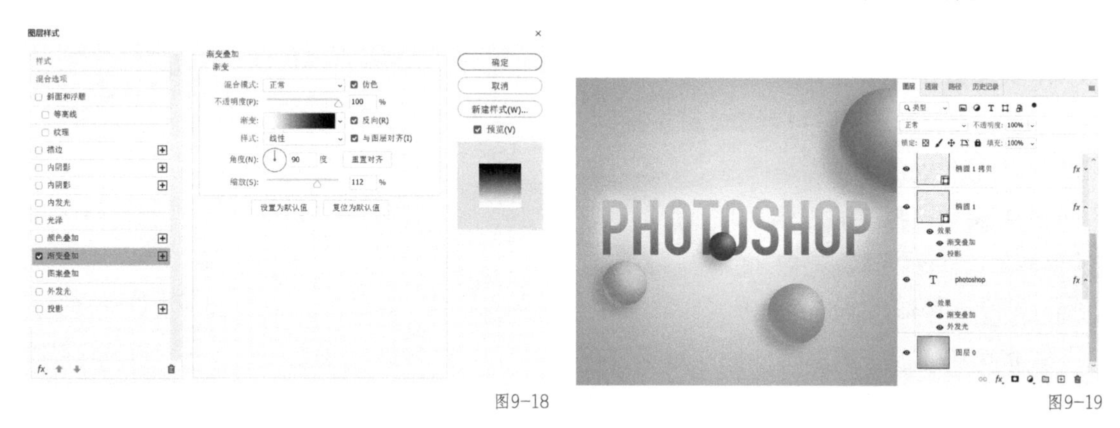

图9-18　　图9-19

提示 在渐变叠加图层样式已设置的状态下，将鼠标指针移到设置面板外，拖曳鼠标指针可改变渐变颜色的过渡位置。

知识点 4 内发光

内发光图层样式和外发光图层样式的效果在方向上相反，内发光图层样式是沿着图层的边缘向内产生发光效果，其参数设置面板中与外发光图层样式相比多了“居中”和“边缘”两个单选项，如图9-20所示。

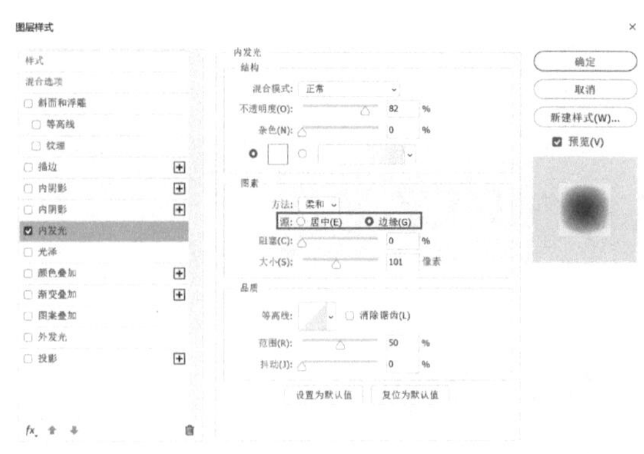

图9-20

选择“居中”单选项，内发光效果将从图层的中心向外进行过渡。选择“边缘”单选项，内发光效果将从图层的边缘向内进行过渡。以图9-21所示的图角矩形为例，圆角矩形的填充颜色均为蓝色，内发光颜色均为黄色，左图内发光的“源”设置为“边缘”，右图则为“居中”。

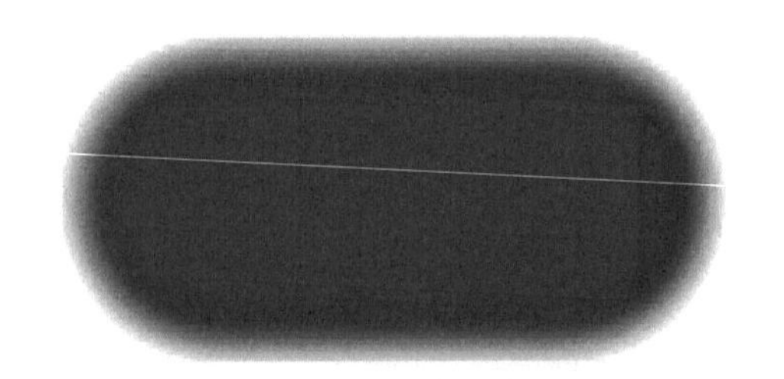

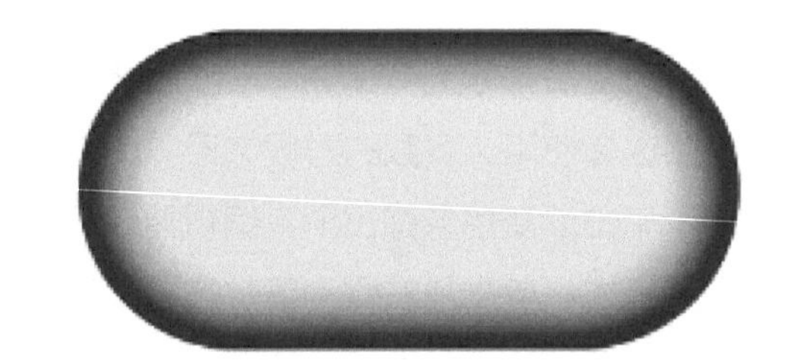

图9-21

知识点 5 内阴影

内阴影图层样式可以在紧靠图层内容的边缘内部添加阴影，常用于制作图层的凹陷效果，其设置界面如图9-22所示。

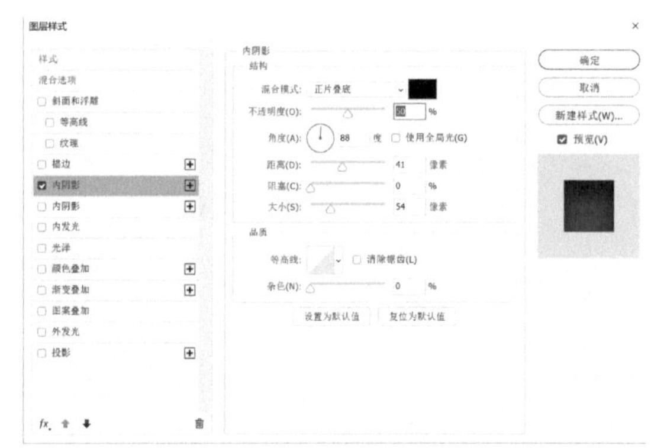

图9-22

内阴影与投影的选项设置方式基本相同。它们的不同之处在于投影是通过“扩展”选项来控制投影边缘的渐变程度的，而内阴影则是通过“阻塞”选项来控制的。“阻塞”可以在模糊之前收缩内阴影的边界。

设置内阴影时，阴影颜色的深浅不同也会使图像呈现凹凸不同的效果。且内阴影也可多次添加，叠加多个内阴影可使图像呈现立体效果，如图9-23所示。

提示 在内阴影图层样式已设置的状态下，将鼠标指针移到设置面板外进行拖曳可以改变内阴影的位置。

图9-23

知识点 6 描边

当需要为图像或文字添加外轮廓时，可以使用描边图层样式。勾选“描边”选项，打开其参数设置面板，可以设置描边的大小、位置和颜色等，如图9-24所示。

描边的位置有外部、内部和居中。外部是描边沿着图像的边缘向外生成，图像的轮廓会增大且图像的拐角处会有弧度产生，常用于外观比较小的对象，可防止对象添加描边后内部被遮挡。内部是描边沿着图像的边缘向内生成，图像大小不变且描边轮廓与图像轮廓一致。居中是描边沿着图像的边缘向内外同时生成，且图像拐角处也会有弧度产生，相对外部其产生的弧度小一些，如图9-25所示。

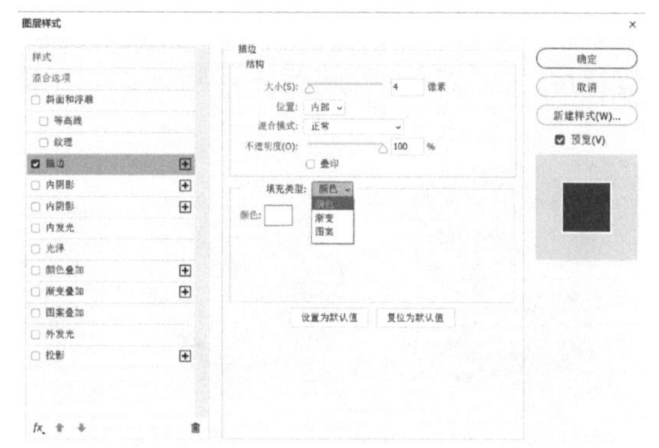

图9-24

无描边

描边居外

描边居内

描边居中

图9-25

提示 在图层样式对话框中，有些图层样式名称右侧带有 ⊞ 按钮，表示此图层样式可重复添加，用户可以为它们设置不同的参数值。

知识点 7 斜面和浮雕

斜面和浮雕图层样式用于增强图像边缘的明暗程度，并增加高光使图层产生立体感。斜面和浮雕图层样式可以配合等高线来调整图像的立体轮廓，还可以为图层添加纹理特效，如图9-26所示。

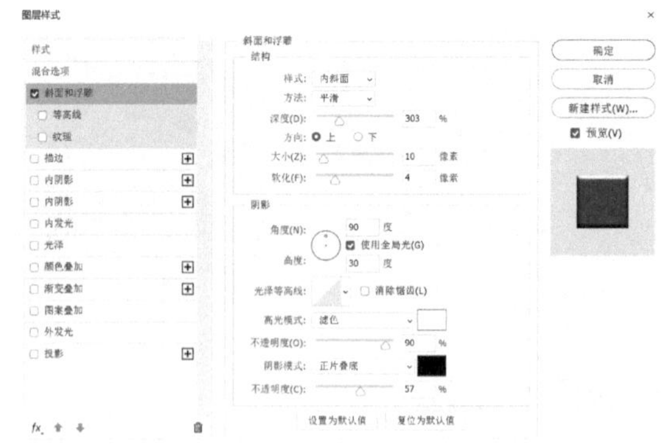
图9-26

通过不同的参数设置，斜面和浮雕效果可使图像产生丰富的立体效果，主要参数的介绍如下。

▌样式。用于设置立体效果的具体样式，有外斜面、内斜面、浮雕效果、枕状浮雕和描边浮雕5种样式。外斜面基于图像边缘向外产生凹凸效果；内斜面基于图像边缘向内产生凹凸效果；浮雕效果可以产生一种凸出的效果；枕状浮雕可以产生一种凹陷的感觉；描边浮雕需要结合描边样式才能起作用，主要针对描边产生浮雕效果。不同样式的效果如图9-27所示。

图9-27

▌方法。用于设置立体效果边缘产生的方法，有平滑、雕刻清晰和雕刻柔和3种。平滑产生边缘平滑的浮雕效果，雕刻清晰产生边缘较硬的浮雕效果，雕刻柔和产生边缘较柔和的浮雕效果。

▌深度。用于设置立体效果的强度，数值越大，立体感越强。

▌方向。用于设置阴影和高光的分布，选择“上”单选项，表示高光区域在上，阴影区域在下；选择“下”单选项，表示高光区域在下，阴影区域在上。

▌大小。用于设置图像中的明暗分布，数值越大，高光越多。

▌软化。用于设置阴影的模糊程度，数值越大，阴影越模糊。

▌阴影选项组。主要针对浮雕的明暗面进行调节，其中角度决定了明暗面的角度，高光模式和阴影模式主要调节明暗面颜色的混合模式。

▌“等高线”选项。勾选该选项，可以在其右侧的参数设置面板中设置等高线来控制立体效果。不同的等高线可以使图像产生不一样的立体效果，一般默认选择第一种，用户也可以根据自己的需要自定义等高线，如图9-28所示。

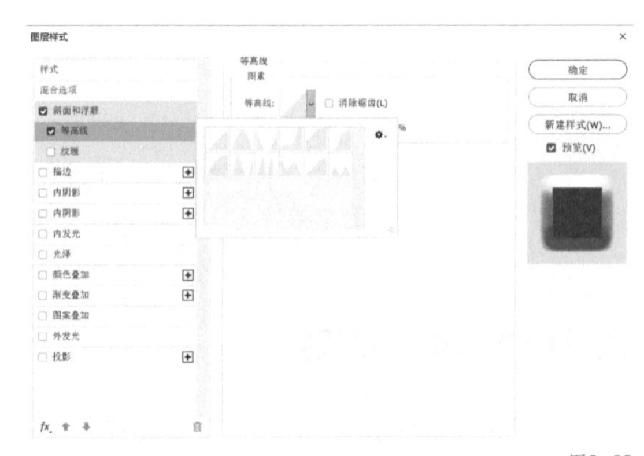
图9-28

▍“纹理”选项。可以在其右侧的参数设置面板中设置纹理来填充图像，使图像具有立体效果，如图9-29所示。

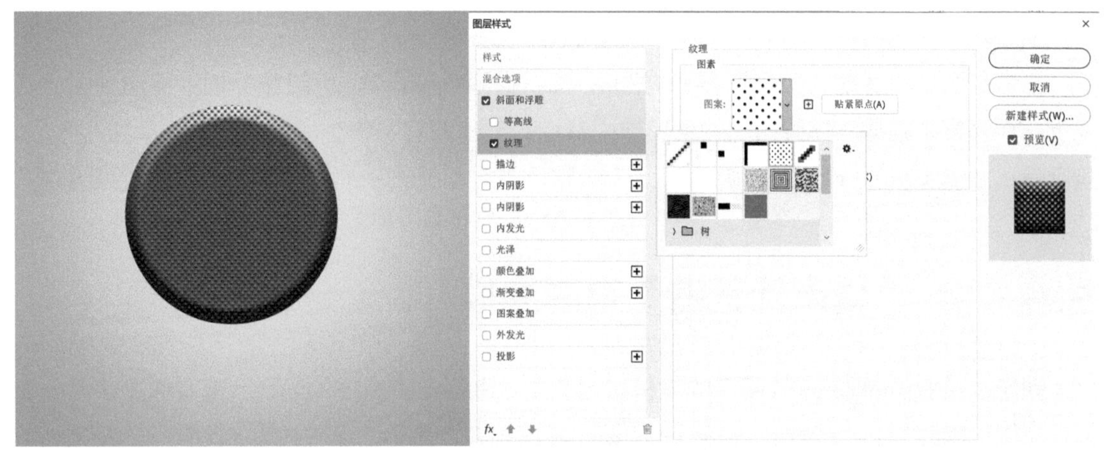

图9-29

知识点 8 编辑图层样式

在为图层添加了图层样式后，用户可以根据自己的需要有选择地对图层样式进行复制、隐藏、修改和清除等操作。

1. 复制图层样式

图层样式设置完成后，可将该图层样式复制给其他图层，这样可以提高工作效率。复制图层样式的方法主要有以下两种。

▍用鼠标右键单击已设置了图层样式的图层，在弹出的快捷菜单中选择“拷贝图层样式”，然后用鼠标右键单击需要粘贴该图层样式的图层，在弹出的快捷菜单中选择“粘贴图层样式”即可。

▍按住Alt键拖曳图层上的 fx 图标到需要该图层样式的图层上，释放鼠标左键即可。

2. 隐藏图层样式

当需要隐藏某个图层样式时，单击 fx 图标，展开图层样式列表，单击某图层样式左侧的 👁 按钮即可隐藏该图层样式，如图9-30所示。

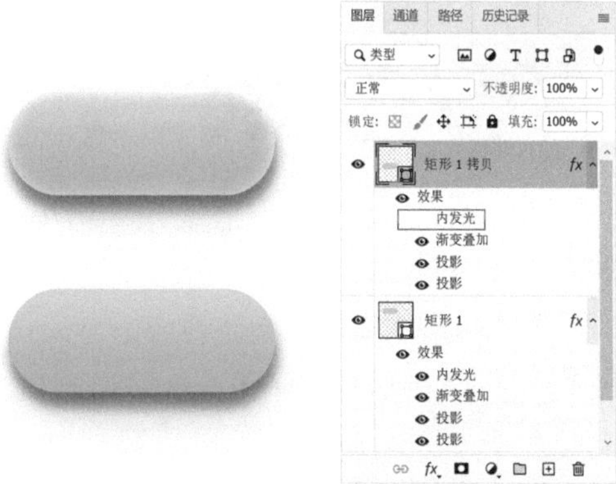

图9-30

3. 修改图层样式

如果要修改已经添加的图层样式，只需在图层面板中双击要修改的图层样式，然后在弹出的图层样式对话框中重新设置其参数即可。

4. 清除图层样式

在图层面板中用鼠标右键单击添加了图层样式的图层，在弹出的快捷菜单中选择“清除图层样式”即可清除该图层上的所有图层样式。也可将鼠标指针移到要删除的图层样式上，按住鼠标左键将其拖曳至图层面板下方的删除按钮上。

5. 分离图层样式即创建图层

在进行图像设计时，如果需要针对图层样式执行其他操作，可将鼠标指针移动到图层样式上，单击鼠标右键，在弹出的快捷菜单中选择“创建图层”将图层样式分离为单独的图层，且图层样式仍保留其参数设置。

综合案例 “城市拾荒者”电影海报

利用本课提供的图9-31所示的素材和相关文案进行电影海报的设计。读者通过该海报的设计可以巩固图层混合模式和图层样式的操作技巧知识。最终的参考效果如图9-32所示。

海报尺寸：1080像素x1920像素

分辨率：72像素/英寸

颜色模式：RGB

图9-31

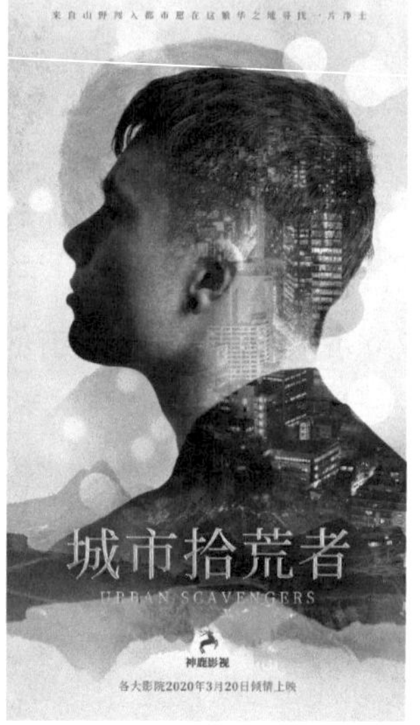

图9-32

下面讲解本案例的制作要点。

1. 创作思路

结合提供的素材和文案，运用双重曝光的技法进行海报的制作，双重曝光是指将两张甚至更多张图片叠加在一起，以实现增加图片虚幻效果的目的。在Photoshop中可修改图层混合模式和图层样式来实现此效果。

2. 制作背景

新建尺寸为1080像素x1920像素的画布，为其填充浅灰蓝色背景。添加纹理图片并修改其图层混合模式为叠加，设置其不透明度为50%左右，效果如图9-33所示。置入山水图片并修改其图层混合模式为正片叠底，结合图层蒙版与将其与下层背景做融合过渡，如图9-34所示。

图9-33

图9-34

3. 添加人像及湖泊素材

添加人像素材并设置其图层混合模式为正片叠底，结合图层蒙版使人像与背景融合自然。复制一层人像同样将其混合模式设置为正片叠底，调整该图层的不透明度为15%左右，结合图层蒙版对其边缘进行过渡，效果如图9-35所示。在图像下方添加湖泊素材，设置其图层混合模式为叠加，效果如图9-36所示。

4. 添加建筑和光斑素材

在人像上层添加建筑素材并将其混合模式设置为滤色，结合图层蒙版使建筑与人像融合自然，效果如图9-37所示。添加光斑素材增强画面的氛围，将其图层混合模式设置为叠加，并结合图层蒙版将该素材挡住人像的部分遮住，效果如图9-38所示。

5. 添加主主题文案

为了凸显主标题“城市拾荒者”，给标题文字添加斜面和浮雕、渐变叠加、外发光和投影图层样式。斜面和浮雕图层样式比较复杂，这里对斜面和浮雕图层样式的具体参数设置进行展示，如图9-39所示。标题下方的英文字母过小只为其添加渐变叠加图层样式即可，以便与主标题风格保持一致。

图9-35

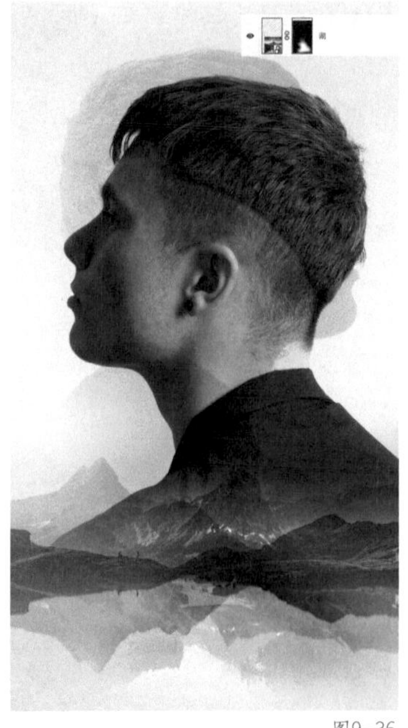

图9-36

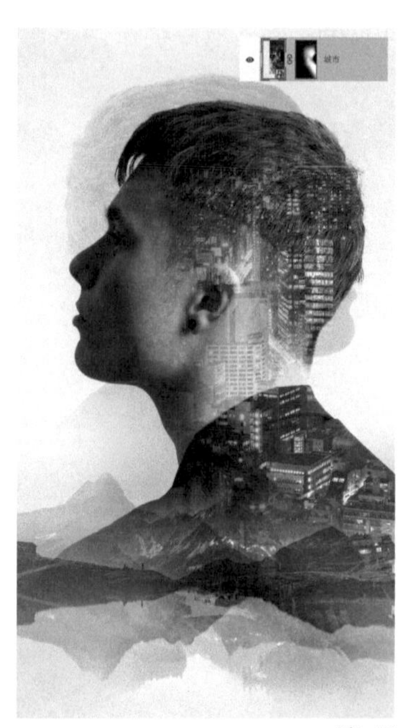

图9-37

图9-38

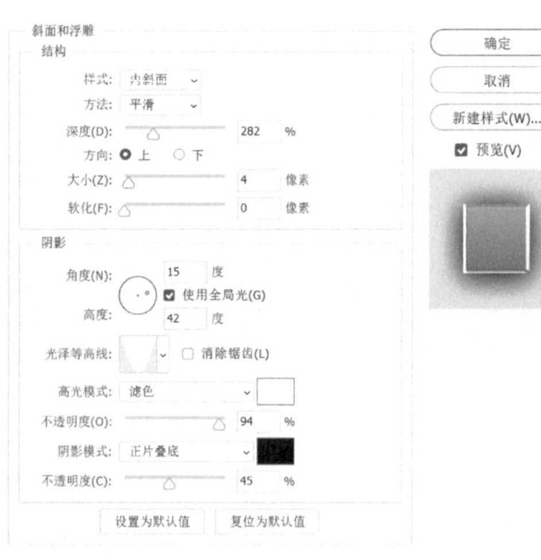

图9-39

6. 添加副标题文案

结合画面布局添加副标题文案和Logo，并进行垂直居中的上下排版。至此整个海报基本制作完成，具体图层结构如图9-40所示。

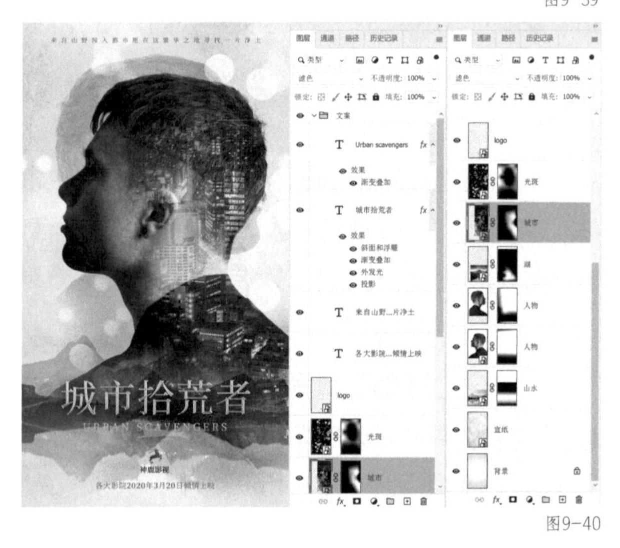

图9-40

本课练习题

1. 选择题

（1）以下混合模式中可使图像保留深色且去除白色的是（　　）。

A. 滤色　　B. 柔光　　C. 正片叠底　　D. 叠加

（2）以下混合模式中可使图像保留亮色且去除黑色的是（　　）。

A. 正片叠底　　B. 滤色　　C. 溶解　　D. 叠加

（3）可使物体快速呈现立体效果的是（　　）图层样式。

A. 斜面和浮雕　　B. 内阴影　　C. 投影　　D. 外发光

参考答案：（1）C；（2）B；（3）A。

2. 判断题

（1）任何类型的图层都可以添加图层样式。（　　）

（2）一个图层只能添加一种图层样式。（　　）

参考答案：（1）√；（2）×。

3. 操作题

请打开本课提供的图9-41所示的PSD源文件，给文件中的图标添加图层样式，最终效果参考图9-42所示。

图9-41

图9-42

操作题要点提示

1. 首先给底板添加图层样式，主要用到的图层样式有渐变叠加、斜面和浮雕（使用内斜面），图层下方可通过内阴影图层样式制作反光效果。同时为图标添加阴影效果，使图标更具立体感，可用画笔工具添加一层暗色，使图标的阴影更有层次。

2. 给亮色圆添加斜面和浮雕图层样式（使用外斜面），并给圆添加上暗下亮的渐变叠加图层样式。

3. 给中间圆添加内阴影和内发光图层样式（两个图层样式都使用暗色做阴影效果）。

4. 给中间听筒添加斜面和浮雕图层样式（使用内斜面），并为其添加投影图层样式。文字的处理方式与听筒相同。

第 10 课

图像修饰（修图）

利用Photoshop 2020提供的修复工具可处理图像中出现的瑕疵。例如，使用污点修复画笔工具、修复画笔工具和修补工具可以修复图像，还可以用图章工具组中的仿制图章工具进行清除斑点的操作。本课主要讲解使用这几个工具进行图像修饰的操作方法和特点。

本课知识要点

◆ 修复工具组
◆ 图章工具组
◆ 内容识别填充
◆ 减淡工具与加深工具

第1节 修复工具组

修复工具组主要用于处理图像中出现的各种瑕疵。该工具组中主要包括污点修复画笔工具、修复画笔工具、修补工具和内容感知移动工具。另外还有针对去除红眼的红眼工具，但现在的摄影照片中很少出现红眼，这里了解即可。

知识点 1 污点修复画笔工具

污点修复画笔工具可以对图像中的不透明度、颜色和质感进行像素取样，用于快速处理图像中的斑点或较小的杂物。单击工具箱中的“污点修复画笔工具”按钮后，属性栏如图10-1所示。

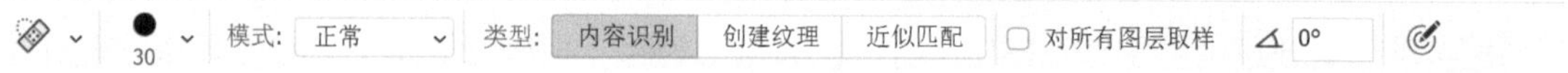

30 模式: 正常 类型: 内容识别 创建纹理 近似匹配 对所有图层取样 0°

图10-1

在使用污点修复画笔工具进行图像修复前，在属性栏中选择“类型”中的“内容识别”选项，用鼠标指针在图像斑点上单击时，系统将会自动分析单击点周围的像素，并自动对图像进行修复。“近似匹配”选项的处理效果与“内容识别”的相似。具体操作时多选择默认的“内容识别”选项。

在进行图像修复时，勾选“对所有图层取样”选项可使取样范围扩展到图像中的所有可见图层。

下面以图10-2所示的图像为例，使用污点修复画笔工具去除女孩脸部的雀斑。在工具箱中选择污点修复画笔工具，使用快捷键 [和] 键将画笔半径调节至与雀斑差不多的大小，在雀斑处单击即可抹去女孩脸部的雀斑，效果如图10-3所示。

图10-2

图10-3

提示 使用污点修复画笔工具时，选择柔边圆画笔修复效果会更自然。

知识点 2 修复画笔工具

修复画笔工具可以对图像中有缺陷的部分通过复制局部图像来实现修补，尤其适用于去除细纹和杂乱发丝。其操作方法与污点修复画笔工具的类似，但该工具在执行修复前，需要先指定样本，即只有在无污点的位置进行取样后，才能用取样点的样本图像来修复污点图像。单击工具箱中的“修复画笔工具”按钮后，属性栏如图10-4所示。

图10-4

图像的修复效果取决于属性栏中“源”的设置。选择“取样”选项后，在工具箱中选择修复画笔工具，按住Alt键单击图像中的某处，此处将会作为取样点对图像的瑕疵部分进行修复。选择“图案”选项，可在其右侧的下拉列表中选择已有的图案用于修复，但此选项不太实用。

以去除图10-5所示的湖面黑点为例，打开图像，选择工具箱中的修复画笔工具，调节画笔半径至合适大小，首先按住Alt键在湖面的平坦区域单击取样。然后在需要修复的地方单击或拖曳鼠标指针涂抹，便可将湖中的黑点去除，效果如图10-6所示。

图10-5

图10-6

知识点 3 修补工具

修补工具主要用于使用图像的其他区域或图案来修补当前选择的区域，新选择区域上的图像将替换原区域上的图像，尤其适用于修复区域比较大的图像。修补方式由属性栏中的“源”和“目标”决定，如图10-7所示。

图10-7

修补工具的操作类似套索工具，拖曳鼠标指针可生成选区，同时也可通过布尔运算对选择区域进行相加或相减。

在工具箱中选择修补工具，在属性栏中选择“源”选项，然后在图像窗口中单击，并拖曳鼠标指针绘制出需要修复的区域，用其他区域的图像来修补当前选择区域的图像。选择“目标”选项，操作方法与“源”选项相反。多使用默认的“源”选项进行图像修补。

以图10-8所示的图像为例，在工具箱中选择修补工具，在属性栏中选择“源”选项，按住鼠标左键并拖曳鼠标指针，将右侧的火烈鸟框选以生成选区。拖曳选区至背景位置，即可将右侧的火烈鸟替换为背景，效果如图10-9所示。

图10-8

图10-9

知识点 4 内容感知移动工具

内容感知移动工具用于将图像移动或复制到另外一个位置。在工具箱中选择内容感知移动工具，按住鼠标左键拖曳框选出照片中的某个物体，再将其移动到照片中的任意位置即可完成操作。

以图10-10所示的沙漠中的越野车为例，单击工具箱中的“内容感知移动工具”按钮，在图像中按住鼠标左键并拖曳，框选出越野车。按住鼠标左键将选区拖曳到照片的右下方，释放鼠标左键后，越野车将被移动到图10-11所示的位置。如果将鼠标指针移至图像窗口的边缘，保留少量像素在窗口中，图中的越野车将被去除，且越野车所在位置会被周边像素补齐，如图10-12所示。

图10-10

图10-11

图10-12

第2节 图章工具组

图章工具组中包括仿制图章工具和图案图章工具，它们可以对图像进行修补和复制等处理。

知识点 1 仿制图章工具

仿制图章工具 可以将图像中的部分区域复制到同一图像的其他位置或另一图像中。复制后的图像与原图像的亮度、色相和饱和度一致。在修复人像的五官时，多使用仿制图章工具，此工具在修复瑕疵的同时能更好地保留皮肤纹理。

使用仿制图章工具修复图像时，首先按住 Alt 键在图像中单击进行取样，然后将鼠标指针移动到要去除的障碍物上，单击直至将障碍物涂抹掉为止。

下面以去除图10-13所示的人像的鼻环为例，选中工具箱中的仿制图章工具，选择柔边圆画笔，设置画笔半径至合适大小，在人像鼻部周围进行取样，然后在鼻环上单击直至将其完全去除，在修复过程中可多次取样，使修复效果过渡更自然，如图10-14所示。

图10-13　图10-14

提示 在使用仿制图章工具进行修复时，要随时调节画笔的不透明度，从而使修复后的效果过渡自然。

知识点 2 图案图章工具

图案图章工具 可以将系统自带的图案或用户自定义的图案填充到图像中。在工具箱中单击“图案图章工具”按钮，在其属性栏的图案下拉列表中选择需要的图案，然后将鼠标指针移动到图像中，按住鼠标左键并拖曳即可绘制出所选图案。

使用图案图章工具时可先用选区工具绘制选区，再用图案图章工具在选区内涂抹。例如，给图10-15所示的杯子上的选区添加图案，选择图案图章工具，并在属性栏中选择树叶图案，用鼠标指针在图像中拖曳，选区内即会有图案出现，如图10-16所示。

图10-15

图10-16

第3节 内容识别填充

内容识别是指使用图像选区附近的相似内容来不留痕迹地填充选区。该工具可以快速修复图像，尤其适用于处理背景比较简洁的图像。

下面以去除图10-17所示的白色瓶子为例，首先使用选区工具或者套索工具为需要去除的图像创建选区。执行“编辑-填充”命令或按快捷键Shift+F5，弹出填充对话框，设置填充内容为“内容识别”，然后单击“确定”按钮，这时图中的瓶子即被去除，效果如图10-18所示。

图10-17

图10-18

第4节 减淡工具与加深工具

减淡工具组中包括减淡工具、加深工具和海绵工具，可改变图像的色彩明暗度与饱和度来影响图像的风格。海绵工具在设计中尤其是在图像修饰中很少用到。本节主要讲解减淡工具和加深工具的操作方法。

知识点 1 减淡工具

减淡工具可以提亮图像中的某一区域，达到强调或突出表现的目的。减淡工具效果的强度由属性栏中的“范围”和“曝光度”决定，如图10-19所示。

图10-19

在减淡工具属性栏中，可通过“范围”选项的设定来决定减淡工具的主要作用范围。“范围”选项中包括阴影、高光、中间调，分别对应图像中的暗部、亮部、中灰部。使用减淡工具时结合曝光度的调节可随时增加或降低提亮的强度。

以图10-20所示的图像为例，使用减淡工具将瓶子右侧的暗部提亮。首先选择工具箱中的减淡工具，在属性栏中设置“范围”为阴影，选择柔边圆画笔，并设置画笔半径至合适大小。将鼠标指针移动到瓶子右侧的暗部，按住鼠标左键进行涂抹，释放鼠标左键即可将奶瓶的暗部提亮，效果如图10-21所示。

图10-20

图10-21

知识点 2 加深工具

加深工具的功能与减淡工具的功能相反，二者属性栏中的属性相同，加深工具可降低图像的亮度，使其变暗以校正图像的曝光度。以加深图10-22所示的椅子的暗部为例，选择加深工具，在属性栏中设置“范围”为阴影，选择柔边圆画笔，并调整画笔半径至合适大小。按住鼠标左键在椅子的暗部进行涂抹，释放鼠标左键后椅子的暗部将更暗，如图10-23所示。

图10-22

图10-23

提示 在加深工具或减淡工具被选中的状态下，按数字键可以快速调节曝光度的百分比，按住Alt键可以在两个工具之间快速切换。同时加深工具和减淡工具对纯黑和纯白背景不起作用。

修复工具和图章工具都可以对图像进行修复。进行图像修复时，几个工具可以结合使用，只有掌握了每个工具的特点才能灵活地运用。同时，加深工具和减淡工具主要是在修图过程中对图像起到修饰的作用，如增强图像的明暗对比度，使图像更加有空间感。

综合案例 护肤品海报

对本课提供的图10-24所示的素材进行修复，并利用修复好后的图像进行护肤品海报的设计。读者通过图像的修复可以巩固修复工具、加深工具和减淡工具的操作知识，还可以加强排版设计的能力。海报的最终参考效果如图10-25所示。

海报尺寸：1080像素x1920像素

分辨率：72像素/英寸

颜色模式：RGB

1. 修复人物瑕疵

利用污点修复画笔工具将人物脸部的斑点去除（画笔半径大小能覆盖住斑点即可），效果如图10-26所示。

图10-24

图10-25

图10-26

使用修复画笔工具将人物脸部的细纹及法令纹去除，效果如图10-27所示。修复画笔工具在修复图像时可非常自然地保留人物的皮肤纹理。

使用仿制图章工具将人物眉毛附近的杂乱毛发去除，如图10-28所示。

使用仿制图章工具为人物重塑眉毛，同时使用仿制图章工具对人物嘴唇进行修正（适当调整画笔的不透明度，使修复效果更自然），效果如图10-29所示。

图10-27

图10-28

图10-29

使用加深工具和减淡工具对人物面部进行明暗对比的调节，同时使用修补工具对人物右边肩膀鼓起的部分进行修复，效果如图10-30所示。

使用减淡工具将人物肩膀提亮，效果如图10-31所示。新建图层使用画笔工具给人物涂抹纯色使人物嘴唇更有光泽（将图层的混合模式设置为柔光）。

2．设计文字与版式

根据人物视线可将画面布局为左图右文的形式，绘制圆形并在圆形与人物之间建立剪切蒙版。给圆形添加内阴影图层样式以增强其空间感，效果如图10-32所示。

图10-30

图10-31

图10-32

添加圆形线框，用圆点装饰该线框，效果如图10-33所示。

输入英文标题“WOMAN 30”，并做简单装饰设计使其更有层次感。制作方法在前面案例中已讲过，这里不再赘述。添加副标题“用心呵护锁住水分HONEST BEAUTY”并运用不同粗细的字体做对比修饰，效果如图10-34所示。

使用圆环装饰辅助文案“其实你也可以更美的”，对次标题“清洁不留痕迹 精心呵护肌肤”进行竖排版，同时添加波浪线丰富画面，这些文字可选择与英文标题一致的颜色，起到上下呼应的效果，如图10-35所示。

图10-33

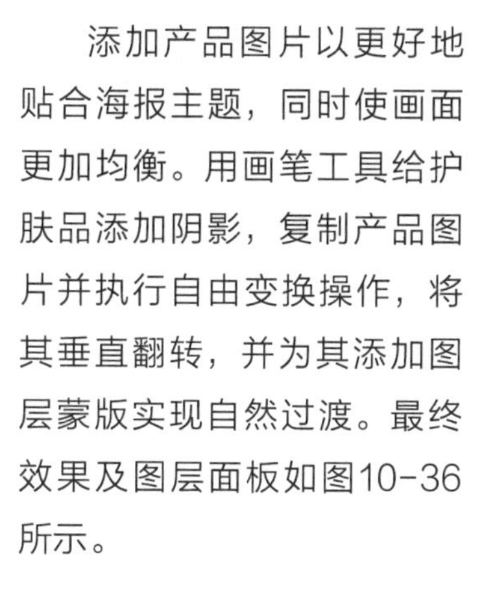

图10-34

图10-35

添加产品图片以更好地贴合海报主题，同时使画面更加均衡。用画笔工具给护肤品添加阴影，复制产品图片并执行自由变换操作，将其垂直翻转，并为其添加图层蒙版实现自然过渡。最终效果及图层面板如图10-36所示。

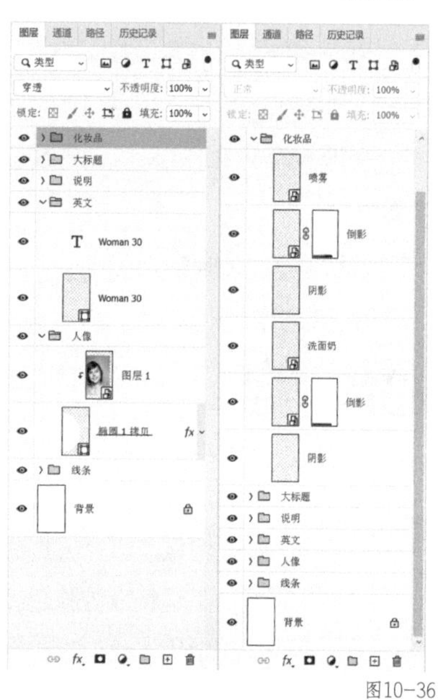

图10-36

本课练习题

1. 选择题

（1）修复工具不包括（　　）。

A. 污点修复画笔工具　　B. 修补工具　　C. 内容感知移动工具　D. 仿制图章工具

（2）下列哪些工具可以改变图像的明暗？（　　）。

A. 仿制图章工具　　B. 加深工具　　C. 减淡工具　　D. 污点修复画笔工具

参考答案：（1）C；（2）B、C。

2. 判断题

（1）修复画笔工具可以直接单击图像去除污点。（　　）

（2）内容感知移动工具和内容识别填充是一个意思。（　　）

参考答案：（1）×；（2）×。

3. 操作题

请使用本课提供的图10-37所示的图像进行修复工具的操作练习，最终修复效果如图10-38所示。同时使用修复好的图片进行海报设计，文案和效果参考综合案例，如图10-39所示。

海报尺寸：1080像素x1920像素

分辨率：72像素/英寸

颜色模式：RGB

图10-37

图10-38

图10-39

操作题要点提示

1. 使用污点修复画笔工具将人物脸部的斑点去除。
2. 使用修复画笔工具将人物脸部的细纹和凌乱的发丝去除。
3. 使用仿制图章工具对人物眉毛进行修整，同时对人物嘴唇进行修整。
4. 使用减淡工具将人物脸部和肩膀提亮，使用加深工具增强人物脸部的轮廓。（添加接近肤色的纯色层，并将纯色图层设置为滤色混合模式，将人物肩膀提亮，适当调节图层的不透明度，使提亮效果更自然。）
5. 将修复好的图像应用于海报中，根据图像人物面部的朝向，可设置海报布局为右图左文。文字排版参考综合案例，也可根据个人理解做其他风格的排版。

第 11 课

图像调色

在处理数码照片或其他各类图像时，校正色彩和调整明暗对比等调色工作是必不可少的。Photoshop 2020提供了很多调整图像色彩的命令，包括色阶、曲线、色相/饱和度、色彩平衡、可选颜色和渐变映射等。本课主要讲解设计中常用的调整命令——色阶、曲线、色相/饱和度和色彩平衡。

本课知识要点

- 图像的颜色模式
- 图像调整

第1节 图像的颜色模式

想要掌握图像的调色技巧，首先要了解图像的颜色模式。图像颜色模式不同，执行的调整命令也会有所不同。图像的颜色模式主要有位图模式、灰度模式、索引颜色模式、RGB颜色模式、CMYK颜色模式等，其中RGB和CMYK是设计中最常用的两种颜色模式。

知识点 1 位图模式

位图模式是指只使用黑、白两种颜色中的一种来表示图像中的像素。它包含的颜色信息最少，图像文件也最小。由于位图模式只能包含黑、白两种颜色，因此将一幅彩色图像转换为位图模式时，需要先将其转换为灰度模式将图像的所有色彩信息删除，转换为位图模式后仅保留彩色图像的亮度值。

以图11-1所示的RGB颜色模式的图像为例，在通道面板中可以看出RGB颜色模式的图像由红、绿和蓝3种颜色通道组成，如图11-2所示。大多数的显示器均采用此种色彩模式。

将图像从RGB颜色模式转换为位图模式，首先执行“图像-模式-灰度”命令将图像从RGB颜色模式转换为灰度模式。将图像转换为灰度模式后，将弹出信息对话框，如图11-3所示。

图11-1

图11-2

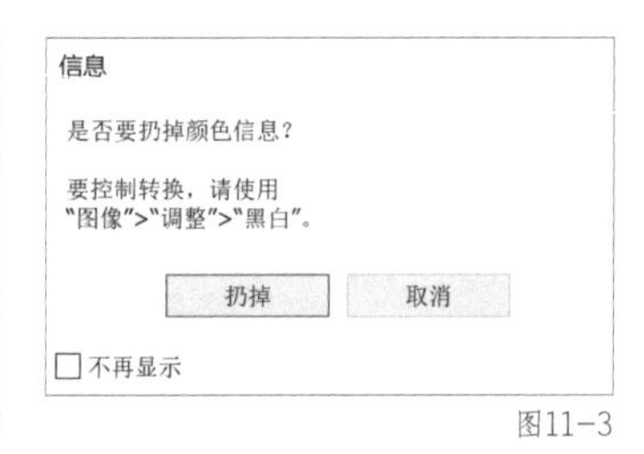

图11-3

单击“扔掉”按钮即可得到灰度模式的图像，如图11-4所示。执行“图像-模式-位图”命令打开位图对话框，如图11-5所示。单击“确定”按钮后，得到位图模式的图像，如图11-6所示。

图11-4

图11-5

图11-6

知识点 2 灰度模式

灰度模式中只存在灰度，最高可达256级灰度，当一个彩色文件被转换为灰度模式时，如图11-7所示，Photoshop会将图像中的色相及饱和度等有关色彩的信息删除，只留下亮度信息。灰度值可以用黑色油墨覆盖的百分比来表示，0%代表白色、100%代表黑色，而颜色调色板中的K值用于衡量黑色油墨的量。

知识点 3 索引颜色模式

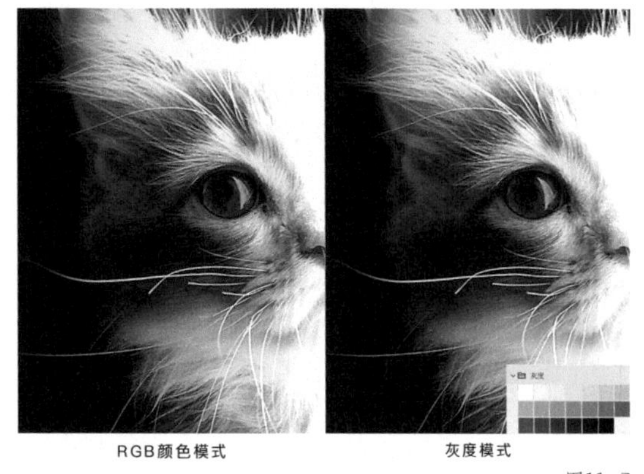

图11-7

索引颜色模式是有8位颜色深度的颜色模式，该模式采用一个颜色表来存放并索引图像中的颜色，最多可有256种颜色。如果原图像中的某种颜色没有出现在该表中，则Photoshop 2020将选取现有颜色中最接近的一种，或使用现有颜色模拟该颜色。索引颜色模式会丢失部分色彩信息，所以可以减小图像文件大小。这种颜色模式的图像广泛应用于网络图形、游戏制作中，常见格式有GIF、PNG-8等。JPEG格式的文件可执行“文件-导出-存储为WEB所用格式”命令，在弹出的对话框中选择存储为GIF或PNG-8索引格式，如图11-8所示。

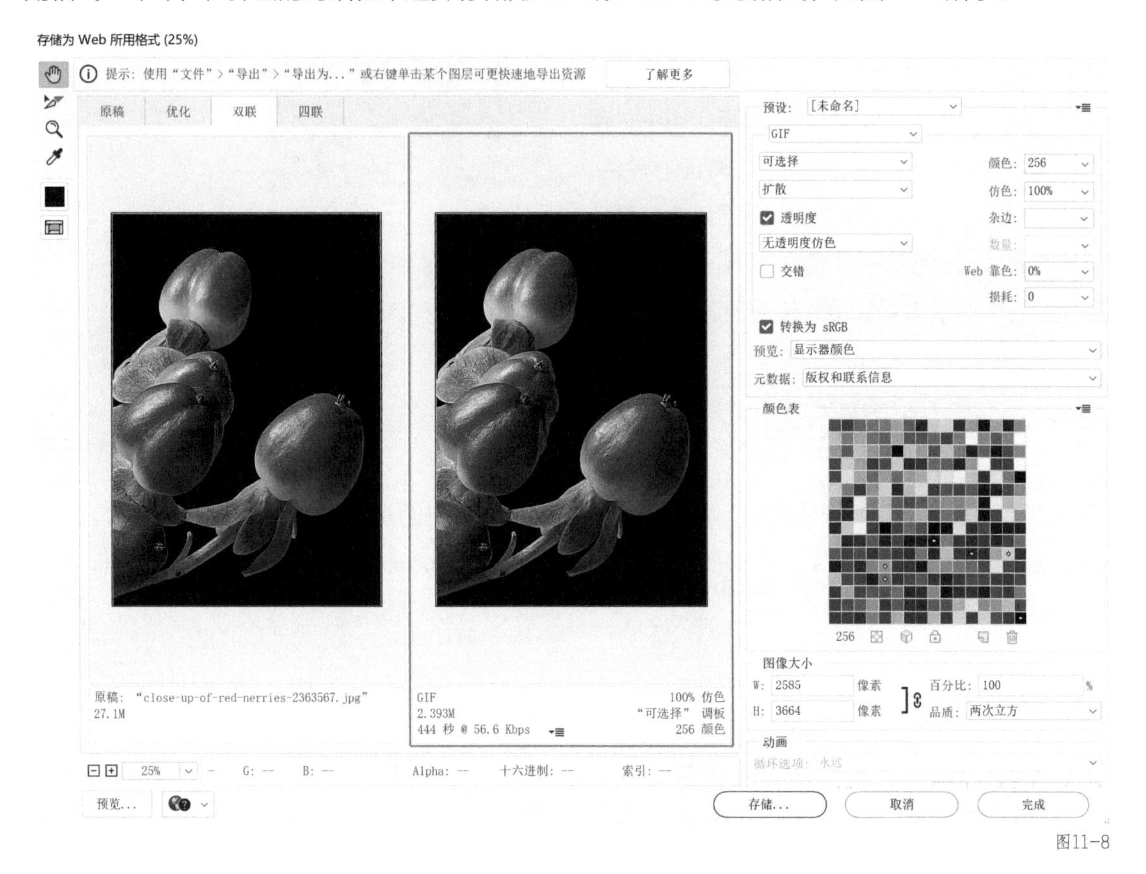

图11-8

知识点 4 RGB 颜色模式

RGB颜色模式是由红、绿、蓝3个颜色通道的变化及相互叠加产生的。RGB分别代表Red（红色）、Green（绿色）和Blue（蓝）3个通道，在通道面板中可以查看到这3种颜色通道的状态信息，如图11-9所示。RGB颜色模式是一种发光模式（也叫加色模式）。RGB颜色模式下的图像只有在发光体上才能显示出来，如手机、电脑、电视等显示屏。该颜色模式包含的颜色信息（色域）有1670多万种，几乎包含了人类眼睛所能感知到的所有颜色，是进行图像处理时最常使用的一种颜色模式。

图11-9

知识点 5 CMYK 颜色模式

CMYK颜色模式是指当阳光照射到一个物体上时，这个物体将吸收一部分光线，并对剩下的光线进行反射，反射的光线就是我们所看见的物体颜色。CMYK颜色模式也叫减色模式，该颜色模式下的图像只有在印刷体上才可以看到，如纸张。CMYK代表印刷用的4种颜色，C代表Cyan（青色），M代表Magenta（洋红色），Y代表Yellow（黄色），K代表Black（黑色）。因为在实际应用中，青色、洋红色和黄色很难叠加形成真正的黑色，所以才引入了K。CMYK颜色模式包含的颜色总数比RGB颜色模式少很多，所以在显示器上观察到的图像要比印刷出来的图像亮丽一些。在通道面板中可以查看到这4种颜色通道的状态信息，如图11-10所示。

图11-10

第2节 图像调整

图像调整命令可以对图像的色调和色彩进行调整，是照片后期处理中不可或缺的工具。Photoshop 2020中提供了很多图像调整命令，本节主要讲解常用的色阶、曲线、色相/饱和度、色彩平衡等调整命令。

知识点 1 色阶

“色阶”命令主要用于整体调整图像的色调，在“输入色阶”或“输出色阶”文本框中输入数值或拖曳滑块，就可以将图像中的所有色调变亮或变暗，还可以拖曳“输出色阶”的滑块来降低图像的对比度。执行“图像-调整-色阶”命令可以打开色阶对话框，也可以按快捷键Ctrl+L打开色阶对话框，如图11-11所示。

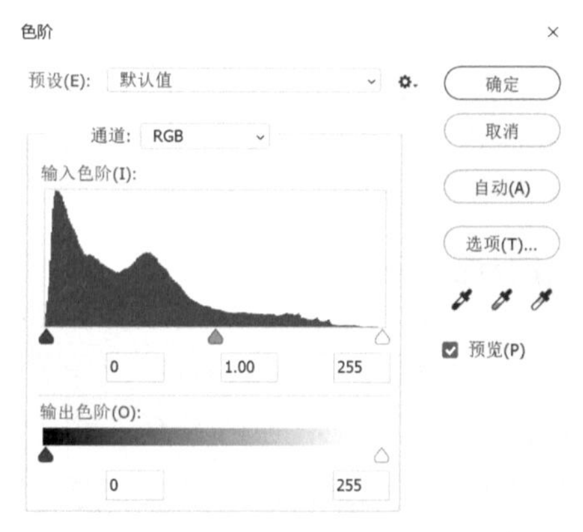

图11-11

色阶对话框中各选项的含义如下。

▌预设。单击“预设”下拉列表框右侧的下拉按钮⌄，在打开的下拉列表中有多个设置好的值，其主要作用是对图像进行各种明暗变化的调整。

▌通道。单击“通道”下拉列表框右侧的下拉按钮⌄，在打开的下拉列表中选择所要调整的通道，再拖曳下方的滑块调节单个通道的明暗，从而改变画面的色调和对比度。

▌输入色阶。在色阶对话框中有3个滑块，分别用于调整图像的暗部区域、中间色调及亮部区域。拖曳相应的滑块即可对相应的区域进行调整。

▌自动。单击“自动”按钮后，系统会解析图像的色调分布并自动进行明暗对比调节。

▌吸管工具组。在吸管工具组中单击相应的按钮使其呈高亮显示后，将鼠标指针移到图像中并单击可进行取样。单击“设置黑场”按钮可使图像变暗；单击“设置灰点”按钮可以用取样点像素的亮度来调整图像中所有像素的亮度；单击“设置白场”按钮可以为图像中所有像素的亮度值加上取样点像素的亮度值，从而使图像变亮。

▌“预览”选项。勾选该选择项可以在图像窗口中预览效果。

执行“色阶”命令进行调节时，多通过“输入色阶”3个黑、白、灰滑块的调节来实现画面明暗对比的调节。以图11-12所示的图像为例，画面整体偏暗，使用色阶工具并执行“图像-调整-色阶”命令打开色阶对话框，将鼠标指针移动到直方图下方的白色滑块上，按住鼠标左键向左拖曳白色滑块即可提亮画面；向右拖曳黑色滑块，适当压暗画面暗部；向左拖曳灰色滑块增加亮部区域的范围，使画面明暗过渡更自然，单击“确定”按钮后得到最终效果，如图11-13所示。

图11-12

图11-13

知识点 2 曲线

曲线是指调整曲线的斜率和形状来实现对图像色彩、对比度和亮度的调整，使图像的色彩更加协调。执行“图像-调整-曲线”命令，可以打开曲线对话框，按快捷键Ctrl+M也可以打开该对话框，如图11-14所示。

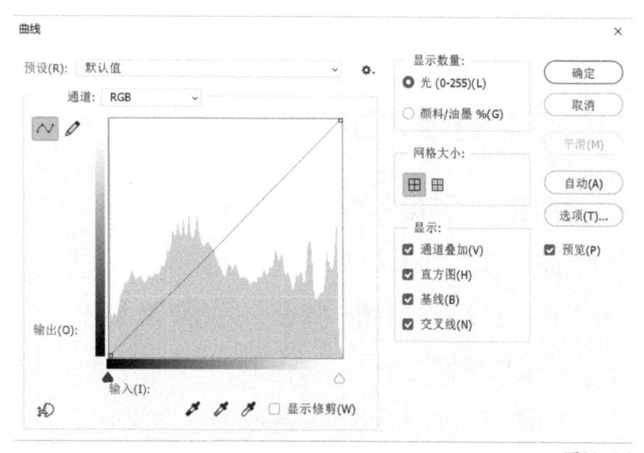

图11-14

曲线对话框中各选项的含义如下。

▌预设。单击“预设”下拉列表框右侧的下拉按钮⌄，在下拉列表中有多个设置好的值，可以直接对图像进行变换。选择不同的选项，曲线对话框中的参数也不相同，可以调整出颜色各异的图像。

▌通道。默认选择“RGB”，调整曲线时将对全图进行调节，也可选择不同的颜色通道进行调节。

▌曲线调整框。横轴代表的是像素的明暗分布，最左边是暗部，最右边是亮部，中间就是中间调。曲线中间有一条对角线，操作曲线其实就是调整对角线的位置。单击可在曲线上添加控制点，然后对它进行上下调整。将点往上调整，对角线就会移动到原来位置的上方，图片就会变亮；将点往下调整，对角线就会移动到原来位置的下方，图片就会变暗。

▌显示选项组。勾选相应的选项可决定中间曲线显示的详细参数。

执行“曲线”命令调节画面的明暗对比时，多通过手动调节中间曲线的形态来实现。以图11-15所示的图像为例，画面的明暗对比较弱，执行“图像-调整-曲线”命令打开曲线对话框，在曲线调整框中的曲线的右侧亮部区域单击添加控制点，向上拖曳曲线提亮画面的亮部；在曲线的左侧暗部区域单击添加控制点，向下拖曳曲线压暗画面的暗部，此时画面的明暗对比增强，效果如图11-16所示。

图11-15

图11-16

提示 对角线上创建的点越多，调整得越细致，但创建的点不是越多越好。如果调整的点太多，图片就会失真。通常使用“曲线”命令调节时，对角线上最多可添加14个控制点。如果要删除一个控制点，可直接将其拖出曲线调整框或选中该控制点后按Delete键。

知识点 3 色相 / 饱和度

“色相/饱和度”命令可以调节整张图片，也可以针对单个颜色调节其色相、饱和度和明度值。执行“图像-调整-色相/饱和度”命令或按快捷键Ctrl+U，可以打开色相/饱和度对话框，如图11-17所示。

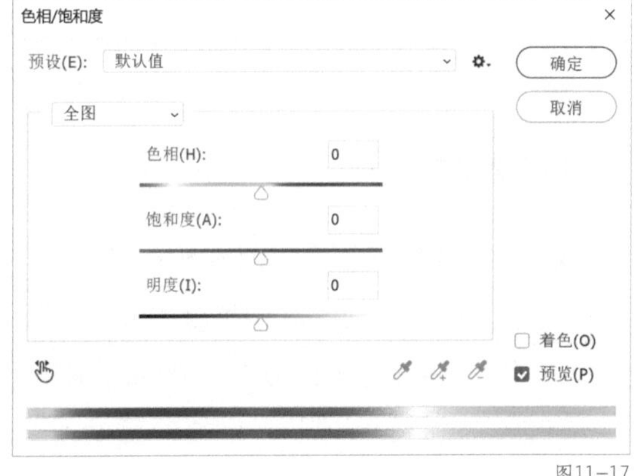

图11-17

色相/饱和度对话框中各选项的含义如下。

▌编辑方式。默认选择“全图”选项，可以同时调节图像中的所有颜色。当选择某个颜色时，可以单独调节其色相、饱和度和明度值。

- 色相。拖曳“色相”选项下方的滑块能够调节图像的色相，调整色相数值可以制作出多种色彩效果。以图11-18所示的图像为例，向左拖曳滑块使其数值为负值，这里调节为-80，效果如图11-19所示。

图11-18

图11-19

- 饱和度。拖曳“饱和度”选项下方的滑块能够调节图像的饱和度。向右拖曳滑块可增加饱和度，向左拖曳滑块可降低饱和度。图11-20所示为未调节饱和度的效果，画面颜色比较灰暗；图11-21所示为调节饱和度后的效果，画面颜色变得更鲜艳。

图11-20

图11-21

- 明度。拖曳“明度”选项下方的滑块能够调节图像的明度。向左拖曳滑块可使画面整体变暗，直至变成纯黑色；向右拖曳滑块可使画面整体变亮，直至变成纯白色。
- 着色。勾选“着色”选项，可以将图像变成单一颜色的图像。以图11-22所示的图像为例，勾选“单色”选项后，拖曳色相滑块至蓝色位置，图像变为只有蓝色的图像，效果如图11-23所示。
- 吸管工具组。选择任意颜色选项可激活吸管，或单击按钮，将鼠标指针移动到画面中其会自动切换为吸管，单击画面中的任意颜色，“全图”选项会切换为所选颜色对应的选项。吸管工具用于选取调节的颜色，选择添加到取样工具吸取画面颜色时可增加调色范围，选择从取样中减去工具吸取画面颜色时可减少调色范围。这时调节色相、饱和度和明度只会针对特定颜色进行调色。

在实际操作中，很少对图片的整体色相进行调整，进行局部微调居多。以图11-24所示的图像为例，将上方的绿色马卡龙调整为紫色。激活吸管工具，使用吸管工具单击绿色马卡龙，设置调色范围为绿色。使用添加到取样工具适当增加调节范围，然后对其色相和饱和度进行调节，效果如图11-25所示，绿色马卡龙变为紫色且其他颜色受影响较少。

图11-22

图11-23

图11-24

图11-25

提示 饱和度为0时，图像会变为黑白色图像，这与“去色”调整命令的效果相同。按快捷键Ctrl+Shift+U可直接将图像变为黑白色图像。

知识点 4 色彩平衡

“色彩平衡”命令用于更改图像中出现的颜色偏差，添加不同的色彩可改变图像的冷暖。执行“图像-调整-色彩平衡”命令打开色彩平衡对话框，按快捷键Ctrl+B也可打开该对话框，如图11-26所示。

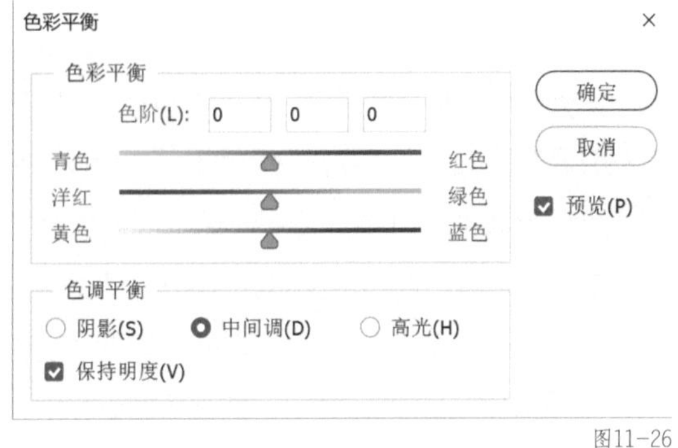

图11-26

色彩平衡对话框中各选项的含义如下。

■ 色彩平衡选项组。可在“色阶”文本框中可以输入-100~100的数值来改变图像的色调偏向，也可以拖曳下方任意一个颜色滑块改变图像的色调偏向。

以图11-27所示的图像为例，将蜥蜴周围环境的颜色调节为偏暖色调，可将青色和红色之间的滑块向红色拖曳，将黄色和蓝色之间的滑块向黄色拖曳，增加图像中的红色和黄色，最终效果如图11-28所示。

图11-27

图11-28

▌色调平衡选项组。用于选择需要进行调整的色彩范围，包括“阴影”“中间调”和“高光”。选择其中一个单选项，就可以对相应的像素进行调整。若勾选“保持明度”选项，调整色彩时将保持图像的亮度不变。

提示 在色彩平衡对话框中按住Alt键单击“取消”按钮其将切换为“复位”按钮，单击“复位”按钮可快速将各选项恢复为原始状态。

知识点 5 创建调整图层

在Photoshop 2020中使用调整图层或调整命令都能进行调色。调整图层与调整命令的功能基本一致。

调整图层与调整命令最大的差别在于：使用调整命令对图片进行调整，其改变是不可逆的，会破坏原来图片的像素，属于破坏性编辑；而使用调整图层进行调整，所有的调色结果都将放在一个新的图层上，属于非破坏性编辑。因此，对图片进行比较复杂的调色处理时，建议使用调整图层进行处理。调整图层结合蒙版可对图片的局部进行精细调整，操作起来更加方便，还可以方便后续的修改和编辑。

具体操作方法如下。首先打开本课提供的图11-29所示的图片，单击图层面板下方的 ◑. 按钮，在弹出的快捷菜单中选择相应的调整图层，这里选择“色相/饱和度”调整图层，将画面调整为黑白色调。结合图层蒙版将中间色相调整效果隐藏，这时画面中间的杯子恢复彩色色调，其他位置仍为黑白色调，最终效果如图11-30所示。

在Photoshop 2020中有很多种调整命令，有些调整命令在作用效果上大同小异的，不需要全部掌握。更重要的是对色彩的理解和对主要的几个调整命令的灵活掌握。其中，“曲线”和“色阶”命令的主要作用是增强画面的明暗对比度，“色相/饱和度”命令主要调节图片的饱和度和整体的色调，“色彩平衡”命令主要通过颜色的添加来改变画面的冷暖，比“色相/饱和度”调节得更细致。清楚了这些其实调色就没有那么难了。

图11-29

图11-30

综合案例 合成图像调色

利用本课提供的图11-31所示的图像源文件进行调色，将图像色调调整为统一的偏冷色调。读者通过对该合成图像的调色可加强对调整命令的掌握。最终调整的参考效果如图11-32所示。

图11-31

图11-32

1. 调节思路

源文件中图像来自不同的拍摄环境，调节颜色时，先从整体进行调节，将每部分的色调统一以后，再进行细节调整。如果要统一色调则首先要以某一个色调为主色调，这里以中间部分的色调为主要色调参考。

2. 调节背景色调

首先调节后面的山峰部分，添加色彩平衡调整图层，调节背景的整体颜色倾向，具体参数设置如图11-33所示；添加色阶调整图层来增强画面明暗对比，具体参数设置如图11-34所示（数值仅供参考）。调整后的效果如图11-35所示。

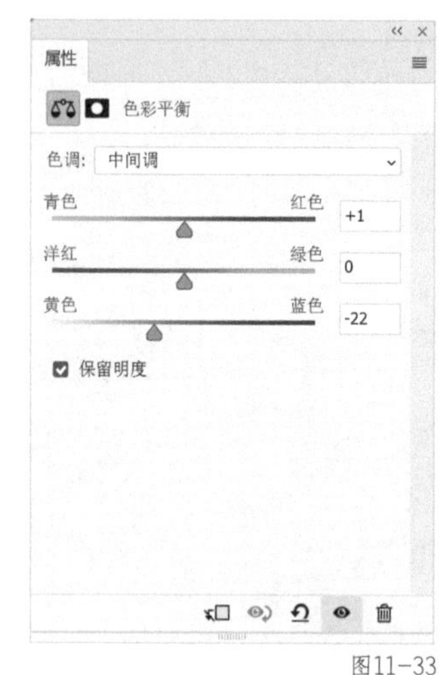

图11-33

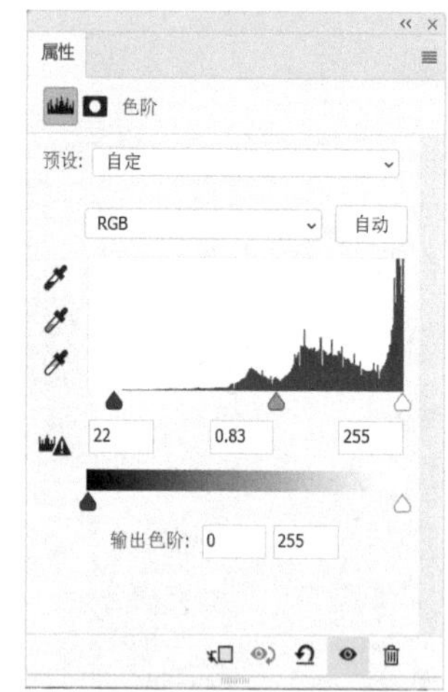

图11-34

3. 调节中景色调

调节中间图像的色调以保证和背景色调统一，首先调整色相/饱和度调整图层，降低图像的饱和度，具体参数设置如图11-36所示。添加曲线调整图层来增强中间图像的明暗对比度，具体参数设置如图11-37所示。添加色彩平衡调整图层来改变画面的色调倾向，具体参数设置如图11-38所示。调整后的效果如图11-39所示。

图11-35

4. 调节前景色调

前景的颜色饱和度过高，首先在图像上层添加色相/饱和度调整图层，降低其饱和度，具体参数设置如图11-40所示。添加色彩平衡调整图层，调整画面的色调与后面的背景保持统一，具体参数设置如图11-41所示。调整后的效果如图11-42所示。

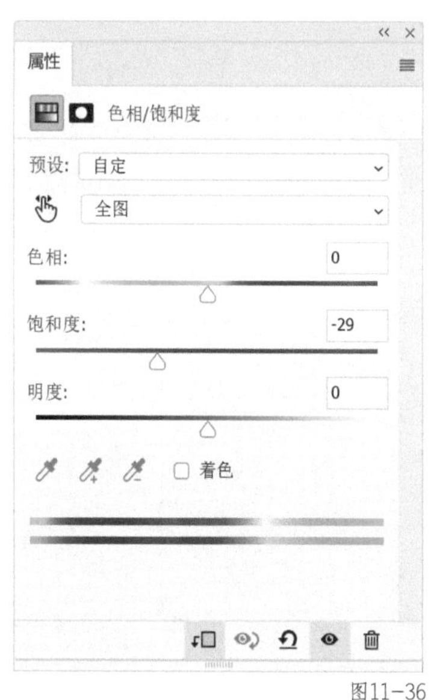

图11-36

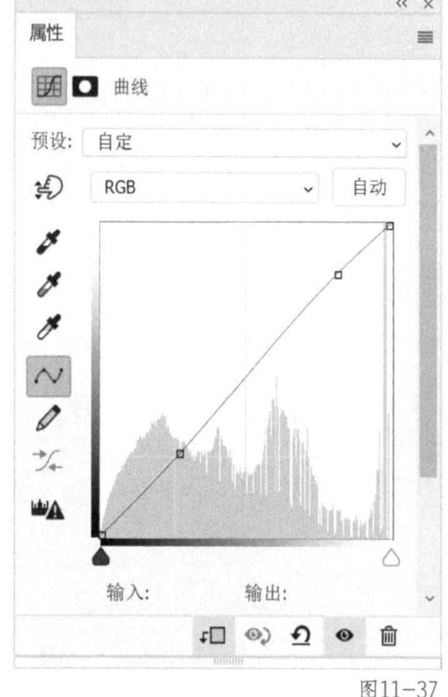

图11-37

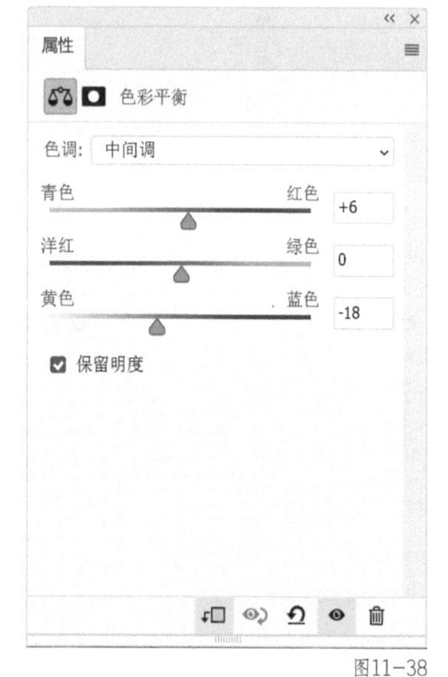

图11-38

图11-39

图11-40

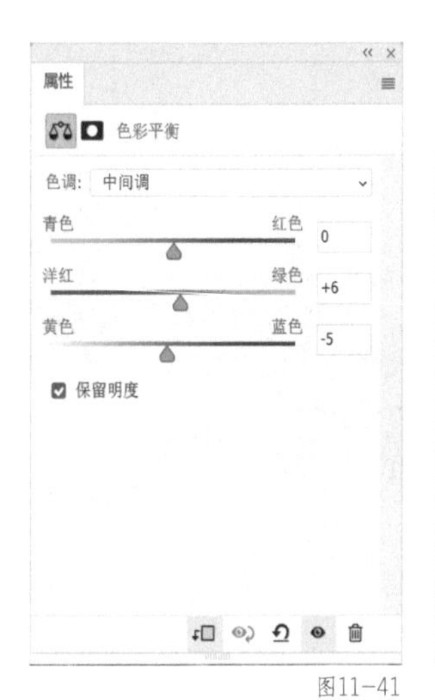

图11-41

图11-42

5. 调节人物色调

人物的饱和度过高，给人物添加色相/饱和度调整图层，降低人物的饱和度，具体参数设置如图11-43所示。添加色彩平衡调整图层，将人物色调与背景色调统一，具体参数设置如图11-44所示。调整后的效果如图11-45所示。

图11-43

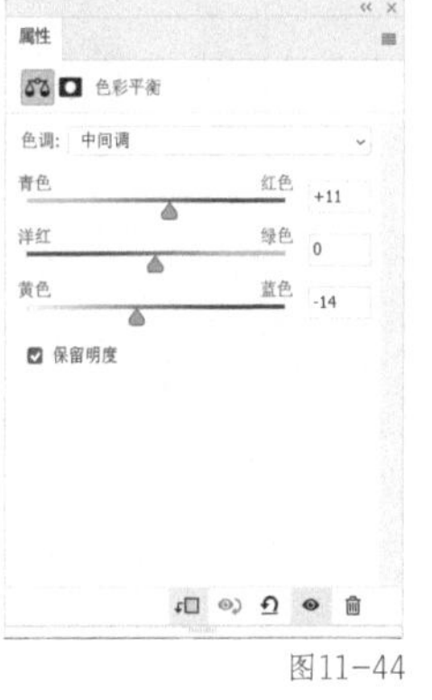

图11-44

图11-45

6. 增强画面整体的明暗对比

整体图像色调统一后给图像添加暗角，以突出主体。在所有图层上层添加曲线调整图层，将整体压暗，使用黑色画笔工具将曲线图层蒙版的中间部分遮住，隐藏压暗效果，具体参数设置如图11-46所示。新建图层，用画笔工具涂抹深色，设置图层混合模式为正片叠底，进一步将下层图像压暗。调整后的效果如图11-47所示。

7. 调节氛围

整体明暗调整图层后，添加曲线调整图层，微调画面明暗对比，具体参数设置如图11-48所示。添加色相/饱和度调整层来适当增加画面饱和度，具体参数设置如图11-49所示。添加色彩平衡调整图层，针对中间调进行调节，具体参数设置如图11-50所示。选择“高光”调节亮部，调整色调倾向与画面色调保持统一，具体参数设置如图11-51所示。最终调整效果如图11-52所示。

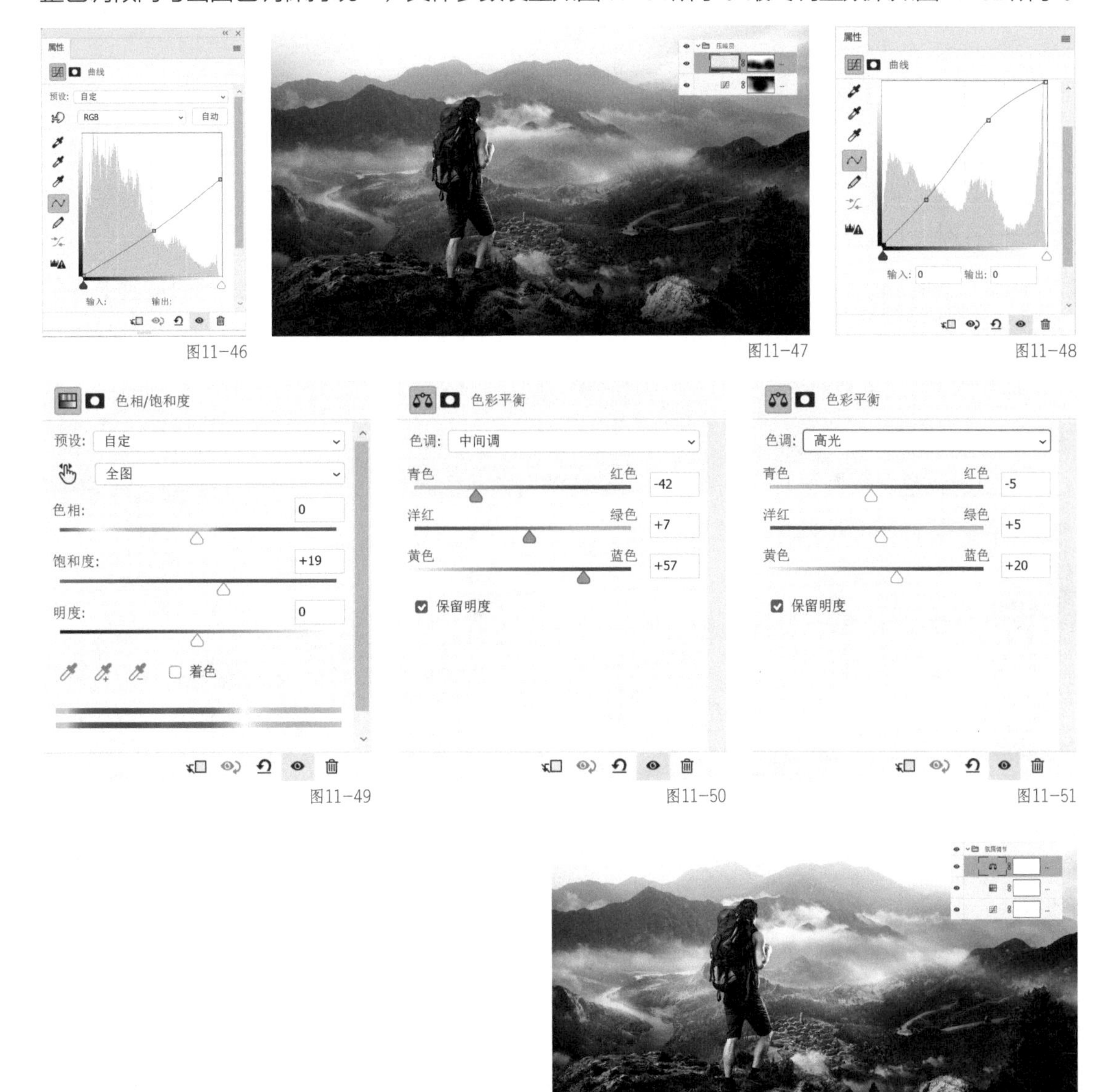

图11-46

图11-47

图11-48

图11-49

图11-50

图11-51

图11-52

本课练习题

1. 选择题

（1）下列说法错误的是（　　）。

A. RGB颜色模式是设计中最常用的一种颜色模式。它由红色、绿色、蓝色3种颜色组成

B. CMYK颜色模式是一种印刷模式。它由青色、洋红色、黄色、黑色4种颜色组成

C. 将图像从RGB颜色模式转换为CMYK颜色模式，图像没有任何更改

D. 彩色图像可以直接转换为位图模式

（2）可以将彩色图像变成黑白图像的命令是（　　）。

A. 曲线　　B. 去色　　C. 色阶　　D. 色相/饱和度

参考答案：（1）C、D；（2）B、D。

2. 判断题

（1）“色彩平衡”命令与“色相/饱和度”命令都可以将有多种色彩的图像调整为单一色调，并对其饱和度等进行调整，使图像效果更丰富。（　　）

（2）“色相/饱和度”命令可以调整单个颜色的色相、饱和度和亮度，或同时调整图像的所有颜色。（　　）

参考答案：（1）×；（2）√。

3. 操作题

请使用调整命令将图11-53所示的图像调整为偏蓝色调，且将花盆的红色调整为橙黄色，最终效果如图11-54所示。

图11-53

图11-54

操作题要点提示

1. 添加曲线调整图层增加画面对比度，如图11-55所示。

图11-55

2. 添加色相/饱和度调整图层，结合图层蒙版针对红色花盆进行调节，如图11-56所示。

图11-56

3. 添加色彩平衡调整图层，给图像添加青色和蓝色，如图11-57所示。

图11-57

第 12 课

通道的应用

通道是Photoshop的高级功能，通道可记录图像中的选区和颜色信息，还可以建立精确的选区，也可以利用滤镜对通道进行变形、色彩调整，从而制作特殊的图像。本课将对通道的基本概念、相关的基础操作和通道的应用（抠图）逐一进行讲解，帮助读者掌握通道这一高级功能的应用。

本课知识要点

- 初识通道
- 通道抠图

第1节 初识通道

通道存储的是不同类型的灰度图像，打开不同颜色模式的图像后，通道中的信息会相应地发生变化，每个颜色通道分别保存相应颜色的相关信息，它是选取图层中某部分图像的重要方法。本节将讲解通道的类型、通道面板及复制和删除通道等通道的基本知识。

知识点 1 通道的类型

通道主要分为颜色通道、Alpha通道和专色通道。

1. 颜色通道

颜色通道主要用于记录图像中颜色的分布信息，用户使用颜色通道可以方便地在颜色对比度较大的图像中建立选区。不同颜色模式的图像的颜色通道不相同，灰度模式只有一个颜色通道，如图12-1所示。RGB颜色模式有RGB、红、绿和蓝4个颜色通道，如图12-2所示。CMYK颜色模式有CMYK、青色、洋红、黄色和黑色5个颜色通道，如图12-3所示。

图12-1

图12-2

图12-3

提示 RGB颜色模式和CMYK颜色模式中的RGB通道与CMYK通道是复合通道，是下方各颜色通道叠加后产生的通道。若隐藏其中任何一个通道，复合通道也将自动隐藏。

2. Alpha通道

在通道面板中，新建的通道默认为Alpha *N*（*N*为自然数，按照创建顺序依次递增）通道，用于保存图像选区的蒙版，而不是保存图像的颜色，且不会影响原图像的颜色，如图12-4所示。生成的Alpha通道中选区内为白色，选区外为黑色，如图12-5所示。如果想调用保存的选区，可选中保存该选区的Alpha通道，按住Ctrl键并单击通道缩览图实现。

若单独新建一个Alpha通道，新建的Alpha通道在图像窗口中显示为黑色，即无选区状态。

单击通道面板右上角的≡按钮，在弹出的下拉列表中选择“新建通道”，如图12-6所示。打开新建通道对话框，可选择不同的单选项来建立黑色或白色通道。

图12-4

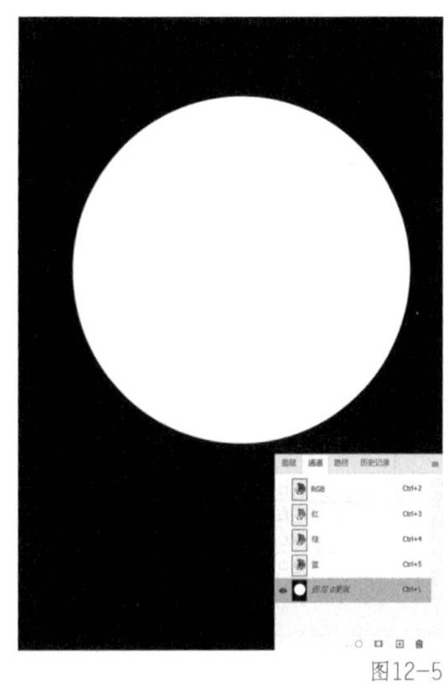

图12-5

提示 选择“被蒙版区域”单选项Alpha通道为黑色，选择“所选区域”单选项Alpha通道为白色。在通道中，白色表示有色区域，黑色表示无色区域。

3. 专色通道

在进行特殊印刷时，创建专色通道可用特殊的预混合油墨来替代或补充印刷色（CMYK），每一个专色通道都有相应的印版。单击通道面板右上角的≡按钮，在弹出的下拉列表中选择“新建专色通道”可实现专色通道的建立。

知识点 2 通道面板

打开图像文件后，单击图层面板中的通道选项卡，即可打开通道面板，如图12-7所示。

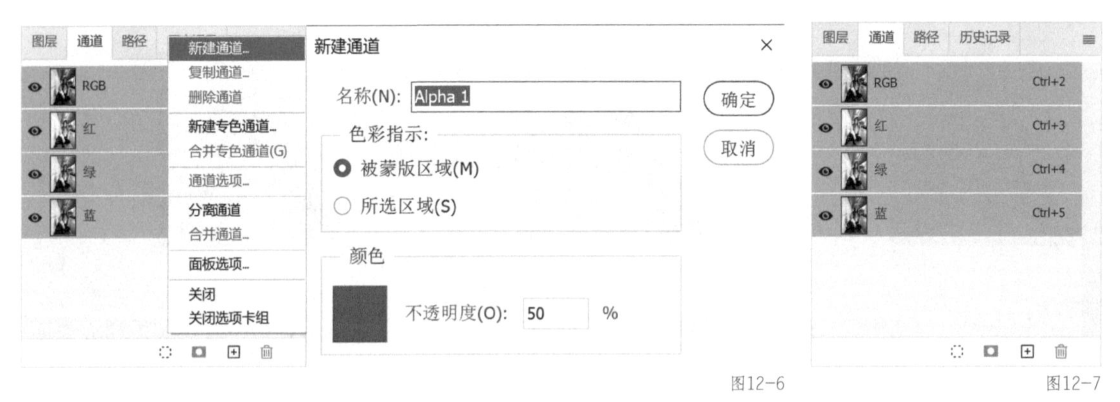

图12-6

图12-7

通道面板中每个选项的含义如下。

- 指示通道可见性按钮用于控制该通道中的内容是否在图像窗口中显示。
- 通道名称用于显示该通道的名称，其中可通过双击其名称进行重命名操作。
- 单击“将通道作为选区载入”按钮可将当前通道的图像转换为选区。
- 单击“将选区存储为通道”按钮可将图像中的选区转换为一个遮罩选区，并将该选区保存在新建的Alpha通道中。

- 单击“创建新通道”按钮⊞可创建一个新的Alpha通道。
- 单击“删除当前通道”按钮🗑可删除当前通道。

知识点3 复制和删除通道

复制通道是为了避免编辑通道后不能还原图像，删除通道可释放所占有用的磁盘空间。

1. 复制通道

当需要对通道中的选区进行编辑操作时，可以先对通道的内容进行复制，然后对复制得到的副本进行编辑，以免编辑通道后不能还原。复制通道和复制图层类似，选择需要复制的通道，然后按住鼠标左键将选择的通道拖曳到“创建新通道”按钮上，释放鼠标左键即可复制所选通道。

2. 删除通道

删除通道是指在编辑完成后删除不需要的Alpha通道，从而释放磁盘空间。删除通道很简单，只需按住鼠标左键，将选择的通道拖曳到“删除当前通道”按钮上即可，或单击鼠标右键选择“删除通道”进行删除。

第2节 通道抠图

选区、通道和蒙版原理相通，在实际应用中也经常会互相转换。本节主要讲解通道与色彩、选区之间的关系，从而帮助读者更好地掌握利用通道抠图的技能。

知识点1 通道与色彩

原色通道中不同亮度的原色混合可使图像呈现不同颜色的画面效果。设计工作中RGB颜色模式的图像使用最多，这里就以RGB颜色模式的图像来讲解通道与色彩的关系。

在RGB颜色模式下，所有的颜色都是由0~255的红色、绿色、蓝色组合而成的。其中0表示没有颜色信息，255表示颜色信息为最大值，如255的红色就是最鲜艳的红色。图像中的红、绿、蓝信息分别存储在红、绿、蓝通道中。在使用调整图层进行图像调色时，操作的就是颜色通道中的颜色信息。

接下来以图12-8所示的图像为例来讲解通道混合的原理，新建图层并填充为黑色，切换到通道面板，分别在红、绿、蓝通道上填充白色，然后在复合通道中可以看到红色、绿色、蓝色3个圆形。这是因为在红通道中填充了白色，表示红色的数值为255（最大值），所以复合通道中显示为最鲜艳的红色。若将3种颜色叠加则形成黄色、洋红色、青色、白色4种颜色。

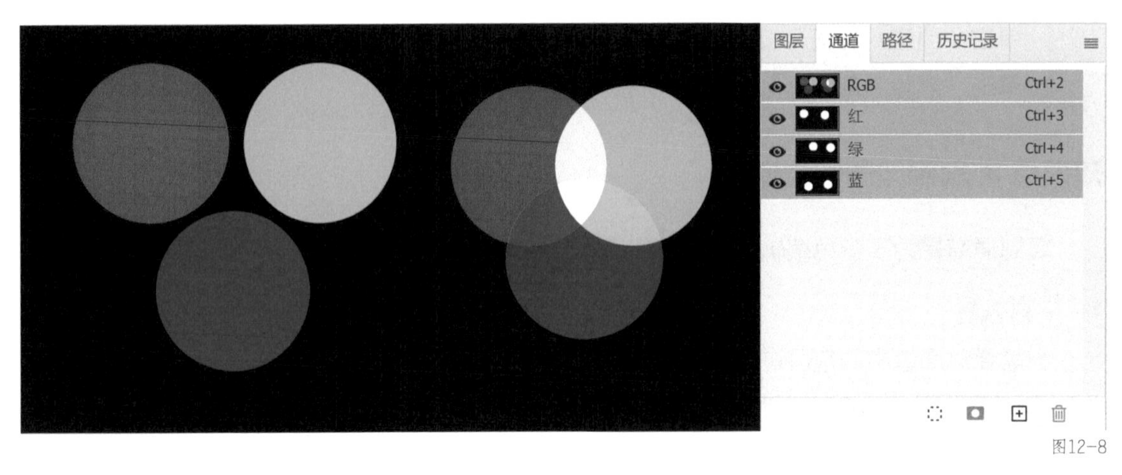

图12-8

若不同数值的颜色通道混合叠加，就会呈现不同色相的颜色。

图像颜色通道里的黑、白、灰代表的是不同的颜色强度。黑色表示颜色最少，白色表示颜色最多，灰色介于两者之间。以图12-9所示的RGB颜色模式图像的红通道为例，图中红色比较多的地方在红通道中显示为比较亮的颜色（白），图中红色比较少的地方在红通道中显示为比较暗的颜色（黑），如图12-10所示。

图12-9　　图12-10

为什么白色在红通道中也显示为亮色呢？因为3色叠加在一起为白色（255，255，255），数值最大，所以白色在红、绿、蓝通道中显示的都是白色。

知识点 2 通道与选区

了解通道与色彩的关系的目的是帮助读者理解如何利用颜色分布建立选区。在RGB颜色模式的图像的通道中，按住Ctrl键并单击通道缩览图，这时在图像中白色和灰色部分有选区生成，黑色部分则无选区生成。使用通道载入的选区抠取图像中的图像时，抠出的图像具有不同的透明度效果。通道中纯白色部分生成的选区抠出的为清晰的图像，灰色部分生成的选区抠出的为半透明的图像，黑色部分无选区生成则也无图像抠出。

以图12-11所示的图像为例，使用通道将图中的枫叶最大限度地抠出。打开图片，切换到通道面板，观察几个通道中的明暗对比强度，发现蓝通道中的明暗对比最强，按住Ctrl键单击蓝通道缩览图，这时载入的是背景选区。按快捷键Ctrl+Shift+I反转选区，得到枫叶选区。单击RGB混合通道，再单击图层选项卡，回到图层面板，选中图片按快捷键Ctrl+J复制选区内的图像，即可抠出枫叶图像，且抠出的图像具有不同透明度的效果，如图12-12所示。

图12-11

图12-12

知识点 3 通道抠图实战

通道抠图的操作多用于抠取冰、火、纱、玻璃等具有透明度效果的图像。

在利用通道生成选区抠图时，并不是白色区域越多的通道，抠出的图像就越精准，而应选择明暗对比强的通道生成选区。明暗对比越强，生成的选区抠出的图像越清晰。如果选择的图像其颜色通道明暗对比都不强的话，可选择明暗对比相对较强的一个通道复制为Alpha通道，再使用色阶调整命令增强明暗对比，最后通过Alpha通道得到相对精准的选区完成图像的抠取。

下面以一个小的合成案例来帮助用户更好地掌握通道抠图的方法。运用通道将图12-13所示的图像中的玻璃抠出，再将其置入图12-14所示的图像中打造酷炫的效果。

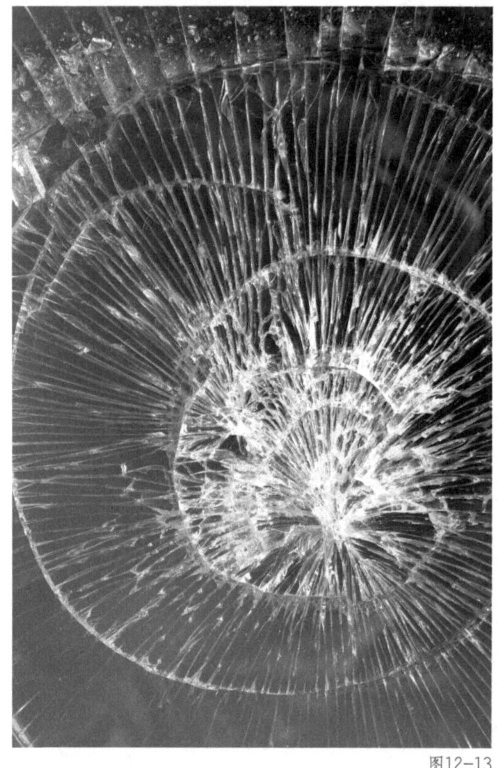

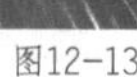

图12-13

图12-14

打开玻璃图指针，查看其不同通道中的明暗对比，选择明暗对比最强的红通道，效果如图12-15所示。用鼠标指针选中并拖曳复制红通道，执行“色阶”调整命令增强红复制通道明暗对比，效果如图12-16所示。按住Ctrl键载入复制通道选区，回到图层面板抠出玻璃图像，效果如图12-17所示。将抠出的图像置入人像文件，若想使图像融合自然，可将玻璃图层的混合模式设置为滤色，最终效果如图12-18所示。

图12-15

图12-16

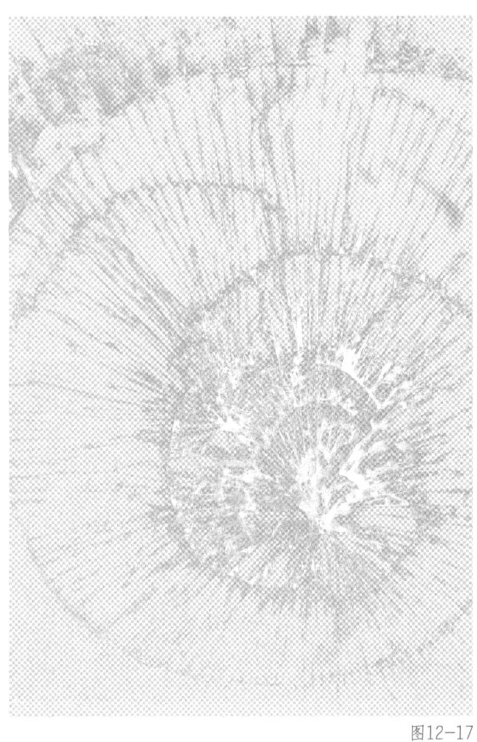

图12-17

图12-18

通道的功能比较强大，使用通道的主要目的是得到选区，从而帮助设计师实现基于特定选区进行调色、填充、抠图、添加滤镜等。不同明暗对比的通道得到的选区的不透明效果也不同，用户可根据设计需要对通道进行操作，以达到想要的设计效果。

综合案例 “我的青春范”海报

利用本课提供的图12-19所示的素材进行人物海报的设计。读者制作这张海报可以加强对通道的理解，巩固通道抠图的技巧。海报的最终参考效果如图12-20所示。

海报尺寸：1080像素x1920像素

分辨率：72像素/英寸

颜色模式：RGB

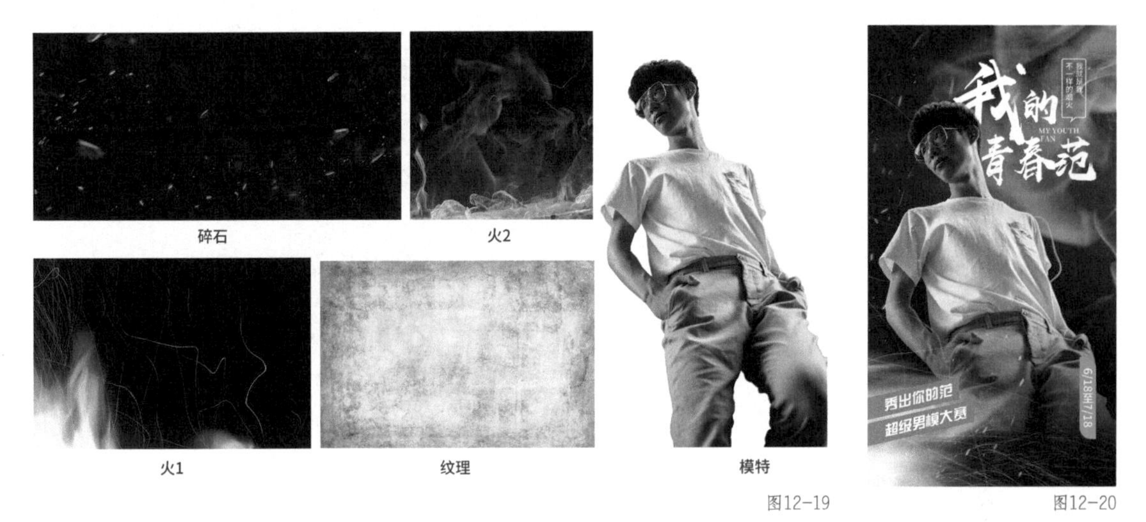

图12-19　　图12-20

1. 创作思路

暗色的背景能更好地凸显人物。蓝色烟雾和赤红色火焰能更好地衬托出人物展现出的“不羁”，也能更好地贴合主题“我的青春范”。碎石、碎片类元素多用于活跃画面。

2. 搭建背景

图12-21

图12-22

新建文档，将其填充为深蓝色渐变，效果如图12-21所示。置入纹理图案，设置其图层混合模式为正片叠底，用来增强背景质感。新建图层，用画笔工具涂抹浅蓝色，并其设置图层混合模式为柔光，用来将图像中间提亮，效果如图12-22所示。

3. 添加蓝色火焰

打开火2素材，在通道面板中选中红通道并按Ctrl键载入选区，然后在按住Ctrl键的同时加按Shift键，分别单击绿和蓝通道，载入所有通道内的火焰选区，回到图层面板按快捷键Ctrl+J复制出选区内的图像，效果如图12-23所示。将抠出的火焰置入背景，缩放至合适大小并进行90°旋转，将火焰填充为蓝色（方法是锁定透明区域填充颜色），效果如图12-24所示。

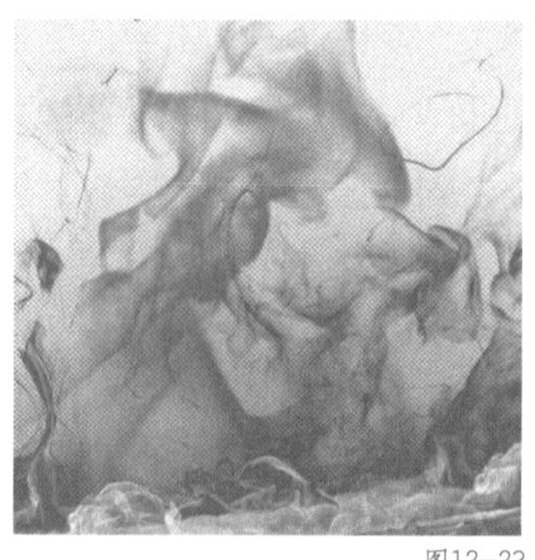
图12-23

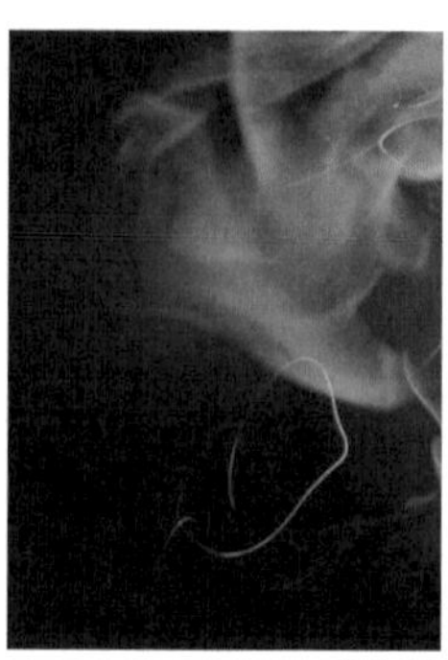
图12-24

4. 添加主视觉

将模特置入文档，新建图层，使用画笔工具在人物左右两边分涂抹橙色和蓝色，并将图层的混合模式设置为柔光，使人物融入场景。给人物添加内阴影图层样式制作人物轮廓亮光。在人物左右两边分别添加内阴影图层样式并设置其混合模式为滤色。将鼠标指针移到图层样式上，单击鼠标右键，在弹出的快捷键菜单中选择“创建图层”将内阴影图层样式分离为独立图层，并添加图层蒙版将图像下方阴影效果遮挡，如图12-25所示。

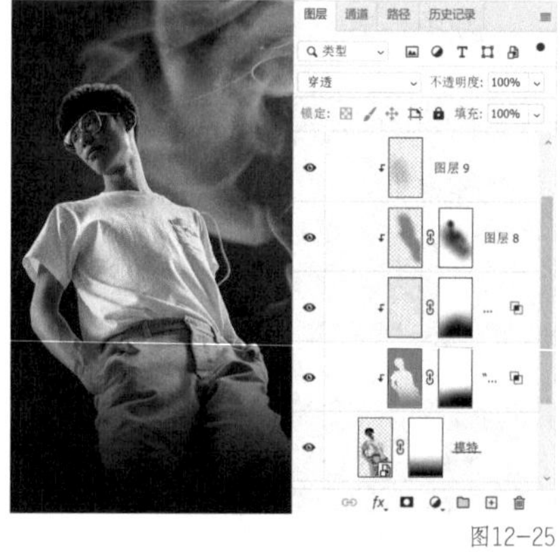

图12-25

5. 添加火焰和碎石

使用通道分别抠出火1和碎石，方法与火2相同。将抠出的图像置入背景并放置在模特上层丰富画面，效果如图12-26所示。

6. 添加文案

在模特右上方添加主标题“我的青春范”，对其做大小错落排版，并添加英文“MY YOUTH FAN”丰富标题。使用自定义形状工具为文案“我就是我　不一样的烟火”添加对话框图形。在图像下方添加辅助文案“秀出你的范 超级男模大赛”，并对其做倾斜处理与人物动态呼应。添加日期“6/18至7/18”，并使用橙色作为背景色点缀画面，如图12-27所示。

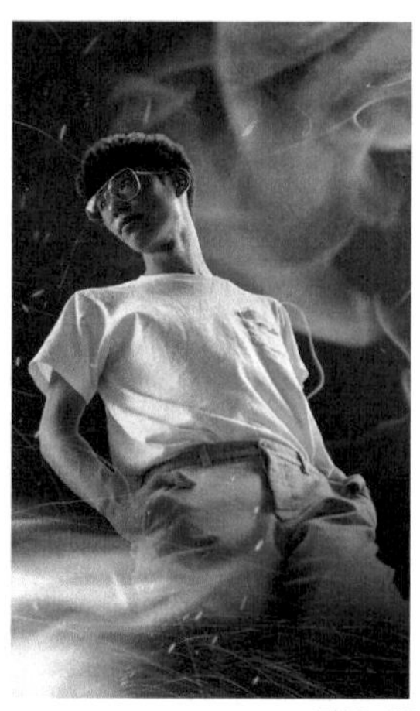
图12-26

图12-27

本课练习题

1. 选择题

（1）RGB颜色模式的图像具有几个通道？（　　）。

A. 4个　　B. 3个　　C. 5个　　D. 1个

（2）在通道面板中除了颜色通道外还有（　　）。

A. 混合通道　　B. 选区通道　　C. Alpha通道　　D. 蒙版通道

参考答案：（1）A；（2）A、C。

2. 判断题

（1）通道中白色区域表示没有颜色分布。（　　）

（2）通道可以复制、调色、添加滤镜、载入选区。（　　）

参考答案：（1）×；（2）√。

3. 操作题

请使用本课提供的图12-28所示的素材制作啤酒海报，进行通道抠图练习。最终参考效果如图12-29所示。

海报尺寸：1080像素x1920像素

分辨率：72像素/英寸

颜色模式：RGB

水珠　　冰纹

烟

水

啤酒

图12-28

图12-29

操作题要点提示

1. 选择渐变工具填充蓝色径向渐变。新建图层并使用画笔工具涂抹浅蓝色，将图像中间和底部提亮，并将图层设置为滤色混合模式。

2. 使用通道抠出冰纹置入背景，将其设置为柔光混合模式，并降低图层的不透明度，增加背景细节。

3. 添加啤酒素材，并在其上层添加色彩平衡调整图层，将啤酒瓶调整为偏冷色调。使用画笔工具给啤酒添加阴影，将其复制一层制做倒影效果，给倒影添加图层蒙版，编辑图层蒙版使倒影过渡自然。

4. 导入水珠素材放置在啤酒图层上层，并与下层啤酒图层建立剪贴蒙版。再次添加冰纹素材，选择图层按住Alt键单击“添加图层蒙版”按钮，建立黑色图层蒙版，使用白色KYLE终极炭笔沿啤酒轮廓编辑图层蒙版，制作出冰霜效果。

5. 打开水素材，选择红通道按快捷键Ctrl+A全选红通道，按快捷键Ctrl+C复制红通道，切换到图层面板，新建空白图层按快捷键Ctrl+V粘贴红通道为图像。将复制出的图像置入背景，放置在啤酒图层下层，设置图层混合模式为正片叠底，添加图层蒙版与背景做过渡调节。使用“自由变换”命令适当压扁图片，使得图片看上去更加真实。

6. 使用通道将烟图像中的烟抠出，置入文档并放置在啤酒图层上层，并使用锁定透明像素的方法填充白色，添加图层蒙版对暗部做渐隐渐现的过渡处理。

7. 在图像上方添加标题文案“清爽一夏”，在标题下方添加辅助文案“纯粮酿造冰爽可口”。在文案下层添加英文装饰“GORONQ”，在图像底部添加详细信息“百年传承酿造配方，酿造水质取自天然矿泉水。”“富含麦芽清香和酒花特有的香气。”且做垂直居中排版。

第 13 课

滤镜的应用

滤镜是使用Photoshop进行图像特效制作时最为常用的一种工具，它可以为图像文件添加各种艺术效果。

本课知识要点

- 初识滤镜
- 常用滤镜

第1节 初识滤镜

滤镜主要分为系统自带的内部滤镜和外挂滤镜两种。内部滤镜是集成在Photoshop中的滤镜，其中包括滤镜库、自定义滤镜。外挂滤镜需要用户以网上下载后进行安装。本节主要讲解滤镜库的操作方法及智能滤镜的作用。

知识点 1 滤镜库

滤镜库中包含多种多样的特效滤镜，可以快速实现各种不同风格的图像效果。在设计工作中，滤镜库的使用概率不大，这里只简单讲解如何操作滤镜库。

以给图13-1所示的图像添加滤镜库中的效果为例，选择图像并执行“滤镜-滤镜库”命令，弹出滤镜库对话框。在对话框滤镜样式选择面板中选择想要添加的滤镜效果，对话框左侧将会显示应用滤镜后的预览效果，对话框右侧可针对当前效果进行相应的参数调整，如图13-2所示。当选择不同的滤镜时，预览框中所呈现的效果也不一样，右侧参数设置也随之变化，如图13-3所示。

图13-1

图13-2

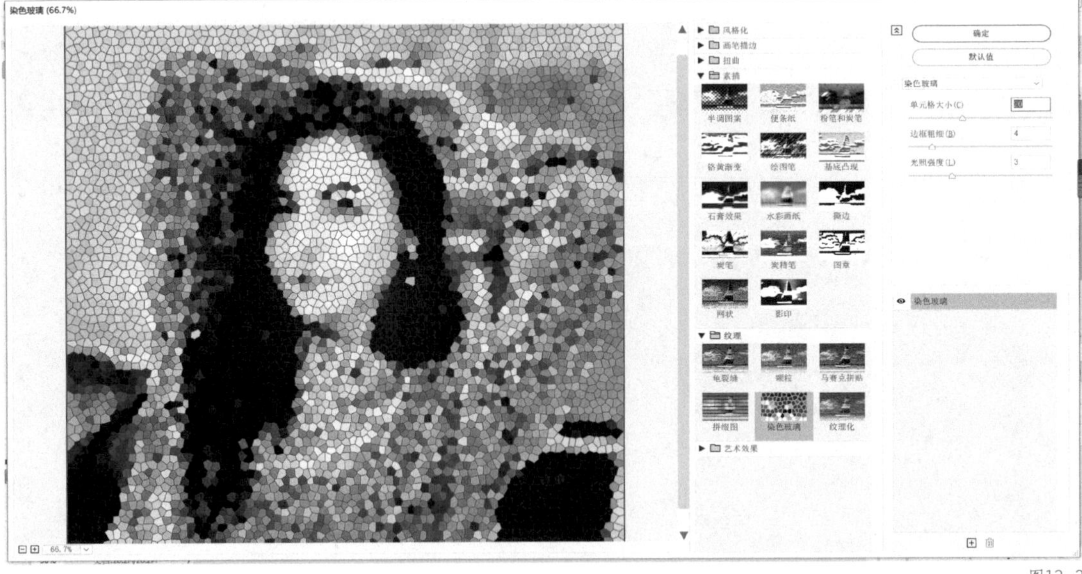

图13-3

提示 在滤镜库对话框中按住Alt键滚动鼠标滚轮可放大或缩小左侧视图，以便随时观察图像细节。

知识点 2 智能滤镜

对智能对象图层添加的滤镜为智能滤镜，双击智能图层下的滤镜效果，可对添加的滤镜进行再次编辑。智能滤镜为控制效果显示的蒙版，使用画笔工具编辑智能滤镜可控制滤镜效果的显示和隐藏。也可单击智能滤镜左侧的眼睛图标，隐藏或显示滤镜效果。

以图13-4所示的图像为例，按快捷键Ctrl+J复制图层，选中图层并单击鼠标右键，将复制图层转换为智能对象图层。执行“滤镜-滤镜库”命令，弹出滤镜库对话框，选择“扭曲-海洋波纹”滤镜效果，调节适当参数使效果更明显，如图13-5所示。

图13-4

图13-5

这时图像便被添加了特殊的波纹效果，同时在智能对象图层的下方有白色智能滤镜图层出现，且所添加的滤镜也在该图层下方显示。使用黑色画笔工具在智能滤镜层上涂抹，图像窗口中被涂抹的部分恢复到正常状态，没有被涂抹的部分仍然保持使用滤镜后的效果，如图13-6所示。

图13-6

提示 “滤镜”命令只能作用于当前正在编辑的、可见的图层或图层中的选区。此外，用户也可对整幅图像应用滤镜。滤镜可以反复应用，但一次只能应用在一个图层上。按快捷键Ctrl+Alt+F可重复应用上一次使用的滤镜效果。

第2节 常用滤镜

设计中多使用自定义滤镜为图像添加丰富的效果。自定义滤镜有很多，但在设计中也只有几个滤镜被经常使用。本节将讲解液化、风、动感模糊和高斯模糊、彩色半调、镜头光晕、添加杂色和高反差保留等滤镜的添加与设置，帮助读者掌握滤镜知识，以便更好地将其应用到设计中。

知识点 1 液化

液化滤镜可以对图像的任何区域进行变形，从而制作出特殊的效果。在人像修饰过程中，液化滤镜可以更好地给人像修型。

下面以图13-7所示的图像为例，使用液化滤镜给女孩脸部进行调整并讲解有关液化滤镜的操作。打开女孩图像，执行“滤镜-液化”命令，即可弹出液化对话框。

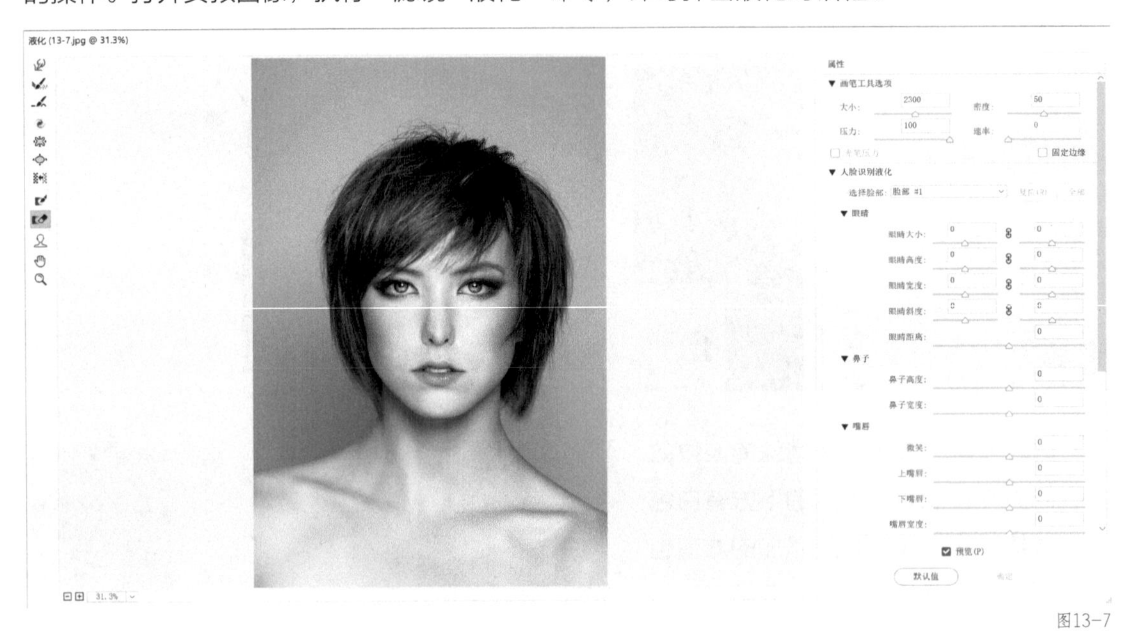

图13-7

调节对话框右侧的属性参数可改变人物的面部结构。Photoshop会自动识别人物脸部，方便针对不同的五官结构进行调整。拖曳五官下方对应的参数滑块可改变人物的五官外形，通过中间视图可随时观察调整的效果。此案例针对人物嘴巴、眼睛、鼻子、脸部形状进行了调节，使人物五官有了明显的改变，效果如图13-8所示。

对话框左侧的工具栏多在图像轮廓不够清晰，或调整对象非人物脸部图像时使用。左侧常用修型工具的介绍如下。

- 选择向前变形工具，按住鼠标左键拖曳可向里或向外推动图像。当右侧调节数值不能满足需求时，也可选择此工具。笔头的大小可在右侧参数设置面板中进行调节，也可以按快捷键[或]键调节。
- 选择重建工具在调整后的图像上拖曳鼠标指针，可使图像恢复原始状态。
- 选择褶皱工具按住鼠标左键，可以使图像像素向中心点收缩，从而产生向内压缩变形的效果。
- 选择膨胀工具按住鼠标左键，可以使图像像素背离中心点，从而产生向外膨胀放大的效果。

▌选择冻结蒙版工具在图像上方拖曳鼠标指针，可在图像中创建蒙版，可将蒙版区域冻结不受编辑的影响。

▌选择解冻蒙版工具在冻结蒙版遮住的部分进行涂抹，可解除图像的冻结状态。

图13-8

知识点 2 风

风滤镜可使图像具有被风吹动的效果，设计中多用风滤镜制作故障风效果。

以图13-9所示的风景图为例，使用风滤镜制作故障风效果。打开风景图片并复制一层，双击复制图层，打开图层样式对话框，在混合选项面板中关闭通道选项中任意颜色通道，如图13-10所示，单击“确定”按钮回到图层面板。

图13-9

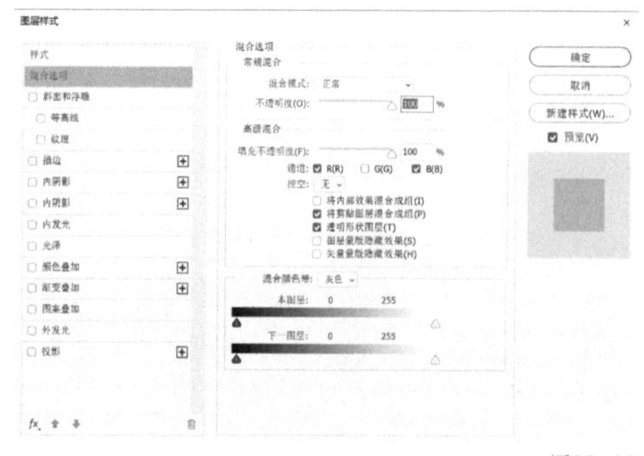

图13-10

选择复制图层，执行“滤镜-风格化-风”命令，弹出风对话框，如图13-11所示。风滤镜的实质是在图像中放置细小的水平线条来实现风吹的效果。方法用于设置水平线条的粗细，风效果的水平线条比较细，大风效果的水平线条粗细适中，飓风效果的水平线条粗壮且图像变形明显，这里选择常用的大风效果，方向选择从右，单击“确定”按钮后可得到类似电视重影的效果，如图13-12所示。

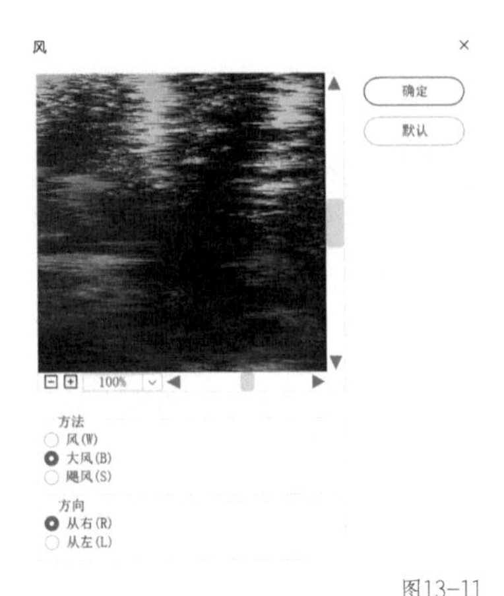

图13-11

图13-12

提示 如果使用滤镜后效果不明显，可按快捷键Ctrl+Alt+F多次应用同一滤镜来增强效果。

知识点3 动感模糊和高斯模糊

动感模糊滤镜和高斯模糊滤镜都属于模糊滤镜组。使用模糊类滤镜可以弱化图像边缘过于清晰或对比过于强烈的区域，使像素间实现平滑过渡，从而产生图像模糊的效果。

1. 动感模糊

动感模糊滤镜可以给图像添加运动效果，多用来模拟用固定的曝光时间拍摄运动的物体所得到的效果。

接下来以图13-13所示的图像为例制作鸡蛋晃动效果。打开鸡蛋文件并复制鸡蛋图层，对下层鸡蛋执行“滤镜-模糊-动感模糊”命令，弹出动感模糊对话框，如图13-14所示。设置角度可调节模糊的方向，这里设置角度为0度，使鸡蛋的模糊方向为水平方向。距离可设置模糊的范围，这里设置距离为840像素，使鸡蛋的晃动效果明显，效果如图13-15所示。

图13-13 图13-14

图13-15

2. 高斯模糊

高斯模糊滤镜可使图像产生柔和的模糊效果，设计中多用高斯模糊滤镜模糊背景来突出主体物。

以图13-16所示的3只小狗为例，使用高斯模糊滤镜将背景和两边的小狗模糊，突出中间的小狗。打开小狗图片，复制一层并将其转换为智能对象图层。执行“滤镜-模糊-高斯模糊”命令，弹出高斯模糊对话框，调节模糊半径，给图像添加模糊效果，如图13-17所示。这时添加的滤镜为智能滤镜，展开图层1使用黑色画笔工具编辑智能滤镜，用画笔涂抹智能滤镜图层中的中间的小狗，此时中间小狗将不受滤镜的影响而变得清晰，效果如图13-18所示。

图13-16

图13-17

图13-18

知识点 4 彩色半调

彩色半调滤镜可以在图像中添加带有彩色半调的网点，多用于制作波点效果。彩色半调的网点的大小受图像亮度的影响。

以图13-19所示的图像为例，打开图像并复制一层，将复制图层转换为智能对象图层，执行“滤镜-像素化-彩色半调”命令，弹出彩色半调对话框，如图13-20所示。最大半径用于设置网点的大小，取值范围为4 ~ 127像素，这里给图像设置最大半径为20。网角（度）用于设置每个颜色通道的网格角度，其下共有4个通道，分别代表填入颜色之间的角度。需要注意的是，不同模式的图像其颜色通道也不同。这里保持默认设置，调整后的效果如图13-21所示。结合智能滤镜用画笔将右下方的效果擦除，制作出网点过渡效果，如图13-22所示。

图13-19

彩色半调 ×

最大半径(R)：20 （像素） 确定

网角(度)： 默认

通道 1(1)：108

通道 2(2)：162

通道 3(3)：90

通道 4(4)：45

图13-20

图13-21

图13-22

知识点 5 镜头光晕

镜头光晕滤镜可以在图像中添加类似照相机镜头反射光的效果，同时还可以调整光晕的位置，该滤镜常用于创建强烈日光、星光及其他光芒效果。

以图13-23所示的图像为例给森林添加光照效果，为了便于单独编辑光照效果，可先新建一个图层并填充为黑色，给黑色图层执行“渲染-镜头光晕”命令，弹出镜头光晕对话框，如图13-24所示。镜头光晕有4种光照效果，根据环境需要选择添加，这里选择50~300毫米变焦进行光照效果的添加，拖曳上方的亮度设置滑块，调整光照强度。将鼠标指针移到视图窗口中，拖曳可调节光照位置。设置好镜头光晕参数后，单击“确定”按钮。回到图层面

图13-23

板，选择黑色图层设置图层混合模式为滤色，并添加图层蒙版用画笔在其中将多余光晕擦除。至此给图片添加光晕效果完成，如图13-25所示。

图13-24

图13-25

知识点 6 添加杂色

添加杂色滤镜多用于增强背景质感，或制作下雨、金属拉丝等效果。

这里以给图13-26所示街景图添加下雨效果为例。制作下雨效果时，需要添加杂色滤镜和动感模糊滤镜。打开街景图，新建图层并填充为黑色，执行“滤镜-杂色-添加杂色”命令，弹出添加杂色对话框，如图13-27所示。增大数量可增加杂点的密集度。选择平均分布，生成的杂色效果柔和；选择高斯分布，生成的杂色效果密集。勾选“单色”选项可使杂色效果为黑白色，不勾选则杂色为彩色效果。这里设置分布为平均分布，且勾选“单色”选项来设置杂色效果。向右拖曳数量滑块适当增加杂色密集度。

添加杂色滤镜后将杂色图层混合模式设置为滤色，便于观察动感模糊效果。给图像添加动感模糊效果，调节角度并适当增大距离，如图13-28所示，使杂点变为线条效果。若雨丝效果不明显，可执行“色阶”命令，来增强明暗对比，同时复制多层线条使雨丝效果更加明显，下雨效果如图13-29所示。

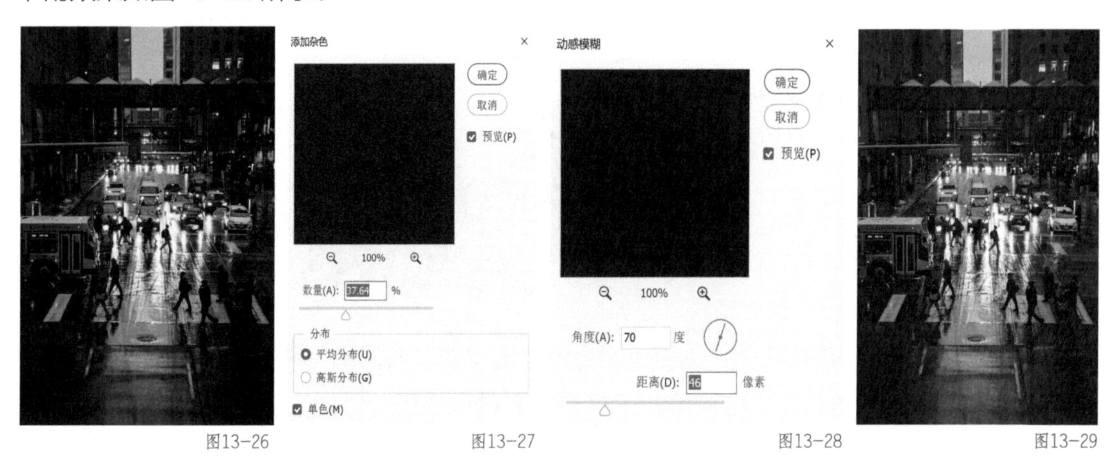

图13-26 图13-27 图13-28 图13-29

知识点 7 高反差保留

高反差保留滤镜可在颜色强烈的区域指定半径值来保留图像的边缘细节，使图像的其余部分不被显示，多用于突出人物脸部细节或在图像合成时增强画面质感。

这里通过增强图13-30所示的小女孩的结构轮廓来讲解高反差保留滤镜的作用。打开小女孩图像并复制一层，对复制图层执行“滤镜 - 其他 - 高反差保留”命令，弹出高反差保留对话框，如图13-31所示。这时图像以灰度效果呈现，调节半径可使轮廓对比发生变化，半径越大图像越接近原图。这里的主要目的是强化图像轮廓。此处设置半径为1像素，可精准地提炼出图像的轮廓，效果如图13-32所示。单击“确定”按钮后，将复制图层的图层混合模式设置为叠加或柔光，这时会发现小女孩的轮廓变得更清晰，效果如图13-33所示。

图13-30

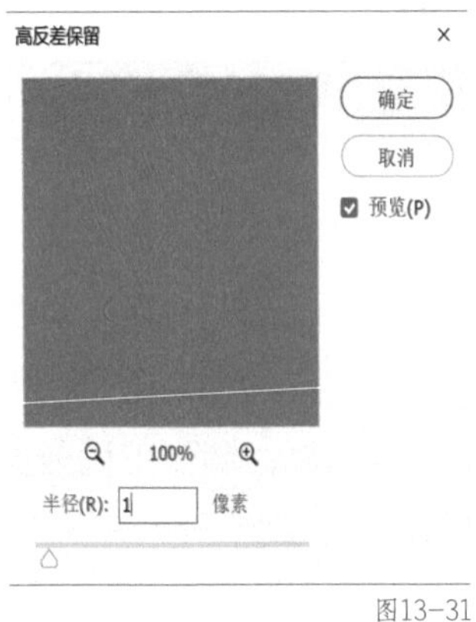

图13-31

图13-32

图13-33

综合案例 “爱生活、做自己”人物海报

利用本课提供的图13-34所示的人物素材进行人物海报设计。读者通过本案例的制作可以巩固滤镜工具的操作技巧知识，海报最终效果如图13-35所示。

海报尺寸：1080像素x1920像素

分辨率：72像素/英寸

颜色模式：RGB

图13-34

图13-35

1. 创作思路

用高饱和度、高亮度的色调作为背景的主色调来增强画面的视觉冲击力。使用彩色半调滤镜制作波点效果，丰富画面。结合风滤镜打造文字抖动效果，添加圆形色块让单调的画面变得时尚又活跃。

2. 搭建背景

新建文档并为其填充橘黄色线性渐变。新建图层，为其填充不透明度为100%到0%的橘色渐变，并为其应用彩色半调滤镜效果。复制彩色半调效果图层，执行“自由变换”命令，调整图像为对称效果，如图13-36所示。

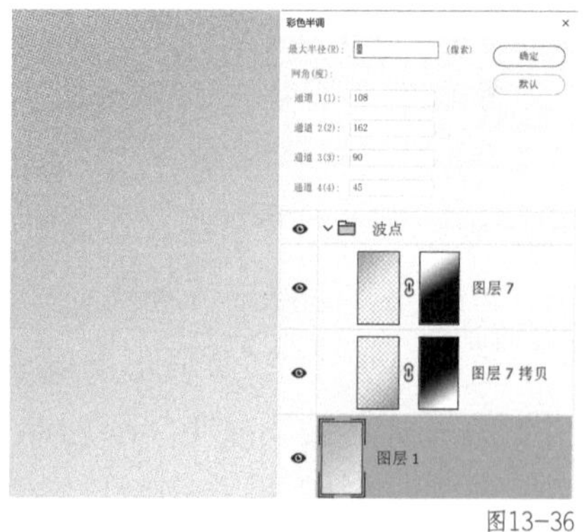

图13-36

图13-37

图13-38

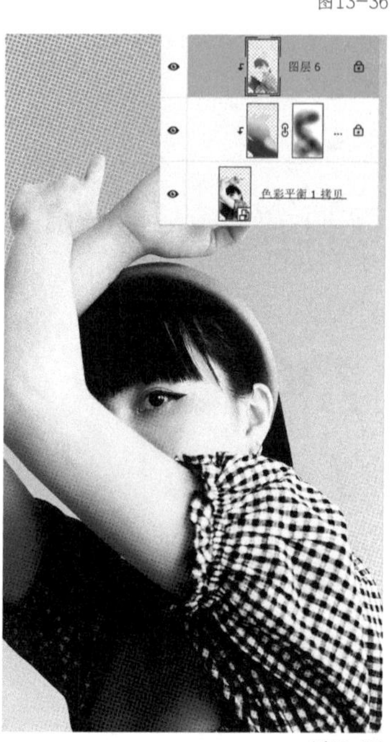

图13-39

3. 添加人物素材

将人物置入文档，按住Ctrl键单击人物缩览图载入选区。基于人物选区新建图层，在其中填充红色到橘色的渐变，将图层设置为叠加混合模式。添加图层蒙版，使用黑色半透明画笔编辑蒙版，减弱渐变图层对下层人物图层的影响，效果如图13-37所示。

隐藏其他图层，打开通道面板选择红通道并复制，再次执行“彩色半调”滤镜命令，效果如图13-38所示。按住Ctrl键单击复制通道载入选区，回到图层蒙版按快捷键Ctrl+Shift+I反转选区，填充橘色到紫色的渐变，并添加图层蒙版对人物脸部波点多的地方进行遮挡，如图13-39所示。

4. 添加装饰图形

使用椭圆工具绘制圆形，丰富画面色调。适当降低上层蓝紫色圆的不透明度，使之与下层粉紫色圆呈现透叠效果，如图13-40所示。

图13-40

5. 添加主标题

添加英文“FASHION GIRL”并做修饰，将其复制两层进行左右错位排版，为文字分别填充粉紫色和蓝紫色。将蓝紫色和粉紫色分别复制一层添加风滤镜效果，在风对话框中设置大风且设置方向一个从左一个从右。添加汉字“爱生活、做自己”并复制两层，同样为它们填充不同颜色做错位处理，如图13-41所示。

添加辅助文字“优呼形象设计　YUHO　可以很美　也可以很酷”及模特信息“模特：艾悠悠”。最后按快捷键Ctrl+Shift+Alt+E盖印图层，并对盖印图层添加高反差保留滤镜效果，在高反差保留对话框中设置半径为1像素；将盖印图层设置为叠加混合模式，以增强画面质感，如图13-42所示。

图13-41

图13-42

本课练习题

1. 判断题

（1）若将普通图层转换为智能对象图层，就可以进行智能滤镜设置。(　　)

（2）高斯模糊和动感模糊滤镜的应用效果相同。(　　)

（3）彩色半调滤镜可以制作波点效果。(　　)

参考答案：（1）√；（2）×；（3）√。

2. 操作题

请利用本课提供的图13-43所示的人物素材，结合综合案例中学到的制作技巧，进行同系列海报设计。最终参考效果如图13-44所示。

海报尺寸：1080像素x1920像素

分辨率：72像素/英寸

颜色模式：RGB

图13-43

图13-44

操作题要点提示

1. 搭建背景填充橘色渐变，使用彩色半调滤镜制作波点装饰图案。
2. 置入人物素材，载入人物轮廓选区，新建图层并填充暗红到橘色的渐变，将图层设置为叠加混合模式。隐藏其他图层只显示人物图层，进入通道面板复制红通道，添加彩色半调滤镜效果并载入选区，回到图层面板并按快捷键Ctrl+Shift+I反转选区，填充暗红到深紫色的渐变。添加图层蒙版将遮挡人脸的部分隐藏，并与人物图层建立剪切蒙版。
3. 使用椭圆工具添加装饰圆点，注意圆点颜色和位置的摆放。
4. 添加标题和辅助文案，文案处理方法与综合案例相同，排版布局根据人物形态做适当调整。

第 14 课

时间轴动画

Photoshop是用来制作静态图像作品的，而配合时间轴功能，Photoshop其实还可以制作出简单的动画或视频作品。本课将讲解时间轴的使用方法。

本课知识要点

- ◆ 时间轴——制作动画的工具
- ◆ 动画制作案例

第1节 时间轴——制作动画的工具

在Photoshop中制作动画效果时，可以根据需要创建帧动画和时间轴动画。本节主要讲解帧动画和时间轴动画的创建方法。

知识点 1 创建帧动画

帧动画也就是设计中常说的GIF动画，即将多个静态画面连续播放而形成的动画效果。帧动画的播放格式为GIF格式，多用于制作表情包或者Web页面中的简单的动态小广告，以及制作动态合成步骤演示。执行“窗口-时间轴”命令即可打开时间轴面板，用鼠标左键单击“创建帧动画”选项即可进入帧动画的编辑状态，如图14-1所示。

图14-1

1. 创建帧

接下来以图14-2所示的合成案例的制作流程演示为例，讲解帧动画的制作方法。

打开合成案例源文件，执行“窗口-时间轴-创建帧动画”命令，进入制作帧动画的操作面板，帧动画的第一帧已自动创建，如图14-3所示。

图14-2

图14-3

制作合成步骤的帧动画演示时，需要将合成源文件中的其他步骤隐藏，只显示第一步。如果想要创建第二帧，单击“复制所选帧”按钮⊞，系统就会将选中的帧复制。需要给第二帧赋予一些变化才能在播放动画时看到变化的效果。这里将在制作第二帧时需隐藏的图层按照制作的顺序依次显示，如图14-4所示。

按照制作第二帧的方法，依次制作剩下的帧。合成步骤是先搭建场景再进行调色，因此这里前半部分用于演示场景搭建，后半部分用于演示调色过程。如果想减少演示时长，同一帧可显示多个图层。每一帧都是在前一帧的基础上复制并添加新图层来制作完成的，如图14-5所示。

2. 调整每帧时间

制作完成后，在每一帧的预览图下方可以调整该帧的显示时间。单击每一帧下方的时间可以打开时间设置下拉列表，在下拉列表中选择时间长度或设置自定义时间即可（这里可以按住Shift键连选所有帧，将演示动画统一设置为0.5秒）。

图14-4

图14-5

3. 播放设置

在时间轴面板上可以调整播放动画的循环次数。在循环播放设置下拉列表中，如果选择“一次”选项，那么动画就只播放一次，如果选择“永远”选项，动画就会循环播放直至用户单击“停止动画”按钮，一般选择“永远”选项。

4. 删除帧

如果想要删除多余的帧，可以选中帧，然后单击“删除所选帧”按钮，也可将需要删除的帧直接拖曳到“删除所选帧”按钮上进行删除。

5. 输出帧动画

设置好播放时间和播放次数后，执行“文件－导出－存储为Web所用格式”命令或按快捷键Ctrl+Shift+Alt+S，弹出存储为Web所用格式对话框，选择GIF128仿色格式（该格式可使图片过渡相对自然些），如图14-6所示。

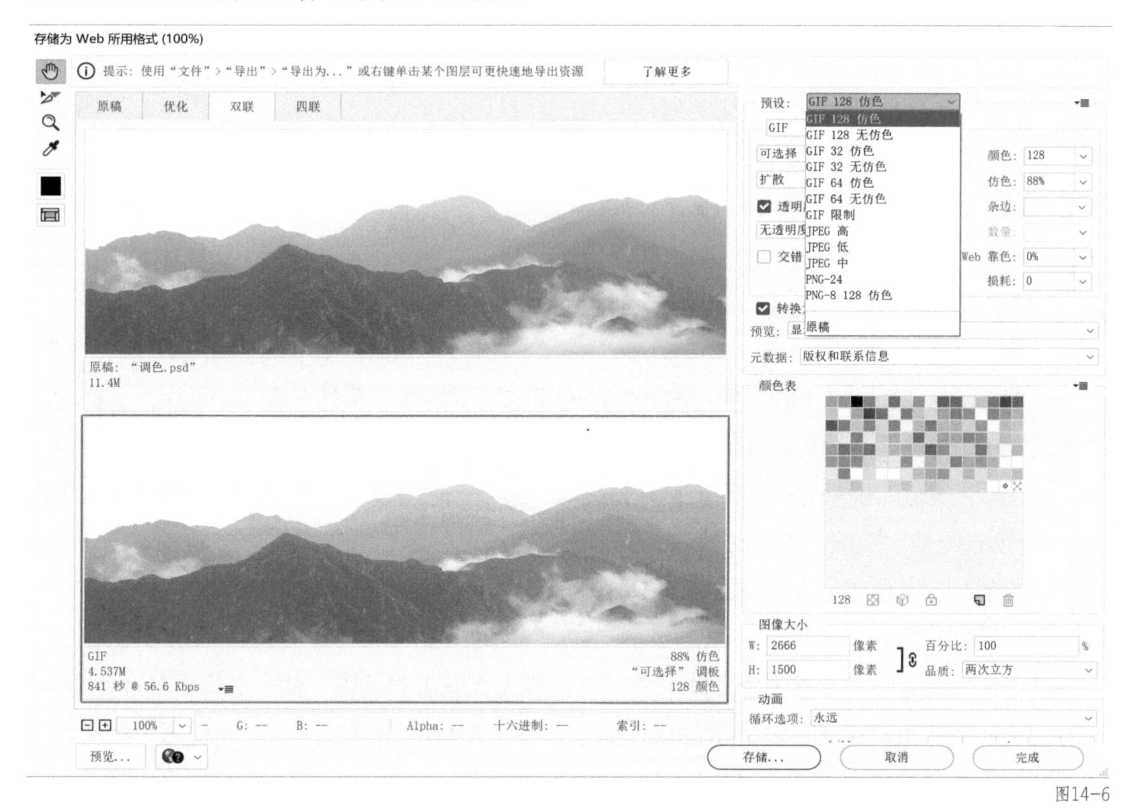

图14-6

6. 添加过渡帧

对帧动画而言，帧数越多，画面越流畅、细腻，而帧数较少时，动画过渡起来会比较生硬。想要动画的过渡效果看起来更加顺畅，就需要增加中间过渡帧。手动进行制作过渡帧，肯定特别费时费力。时间轴面板中有自动创建过渡帧的功能，可以帮助用户减少重复操作。

自动创建过渡动画的功能可以制作出很多不同的过渡效果，包括不透明度的过渡、位置的过渡、对象效果的过渡等。这里以制作一个小的渐隐效果动画为例，讲解具体操作方法。新建画布大小为500像素x500像素的文档，用矩形工具绘制正方形。在第一帧设置不透明度为100%，在第二帧将形状不透明度降低为0%，选中第二帧，如图14-7所示。在时间轴面板上单击“创建过渡动画”按钮 ，打开过渡对话框，如图14-8所示。在对话框中设置要添加的帧数，就可以创建出不透明度变化的过渡帧，此时时间轴面板如图14-9所示。

图14-7

提示 虽然帧数越多画面会越柔和，但帧数越多也意味着文件越大，所以需要合理增加过渡帧。

图14-8　　图14-9

知识点 2 创建时间轴动画

时间轴动画与帧动画不同，使用时间轴动画模式可以制作一系列连续的动画短片。使用时间轴面板制作动画需要用到时间轴属性、过渡效果、时间设置等操作技巧。

打开本课提供的视频时间轴演示文件，执行“窗口-时间轴”命令打开时间轴面板，单击“创建视频时间轴”按钮，视频时间轴就创建出来了。在视频时间轴上，一个图层对应一个时间轴，如图14-10所示。形状图层不能直接执行动画操作，执行前须将形状图层栅格化或转换为智能对象图层。

拖曳时间轴面板下方的白色三角滑块，可以放大或缩小时间轴，便于进行更精准的操作。在时间轴面板中可以看到不同图层的动作属性，不同类型的图层对应的时间轴属性不同。设置不同的动作属性可以调整视频时间轴中对象的不同动态效果，可以制作的常用动态效果包括位置的变化、不透明度的变化、样式的变化和形状的变换。

图14-10

1. 位置的变化

在新建的画布上方使用矩形工具绘制矩形，创建视频时间轴，单击 打开矩形图层的动作属性面板，在“位置”栏中单击“启用关键帧动画”按钮 创建第一个关键帧，然后把时间线拖曳到想要的位置。将矩形调整到画布下方，在时间线位置自动生成第二个关键帧，即可实现矩形从上至下位置变化的动作，效果如图14-11所示。

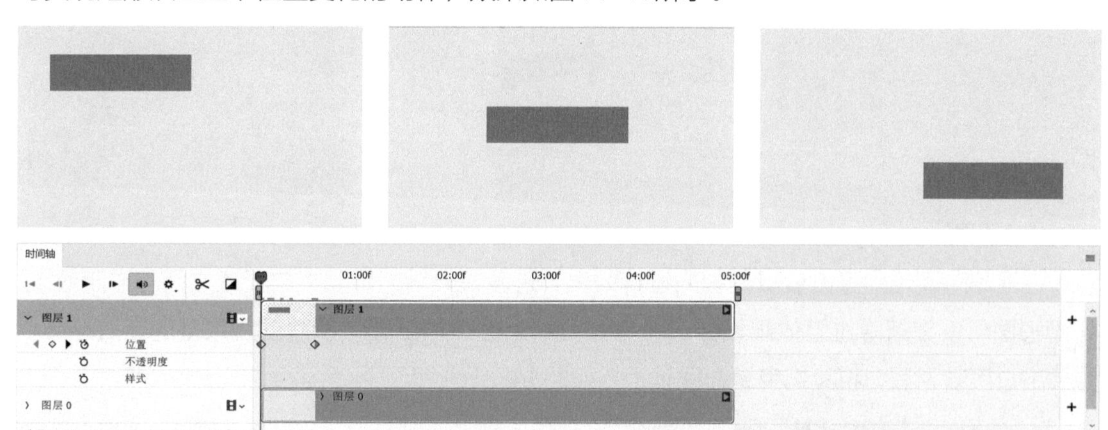

图14-11

2. 不透明度的变化

用同样的矩形来制作不透明度的变化效果。在第0帧处单击“不透明度”栏中的“启用关键帧动画”按钮创建第一个关键帧，然后把时间线拖曳到想要的位置，更改矩形的不透明度为20%，创建出第二个关键帧，即可实现矩形不透明度变化的动作，效果如图14-12所示。

3. 样式的变化

用同样的矩形来制作样式的变化效果。设置好矩形的初始外描边效果后，在第0帧处单击“样式”栏中的“启用关键帧动画”按钮创建第一个关键帧，然后把时间线拖曳到想要的位置，更改矩形的描边参数创建出第二个关键帧。矩形样式变化的动作就完成了，效果如图14-13所示。

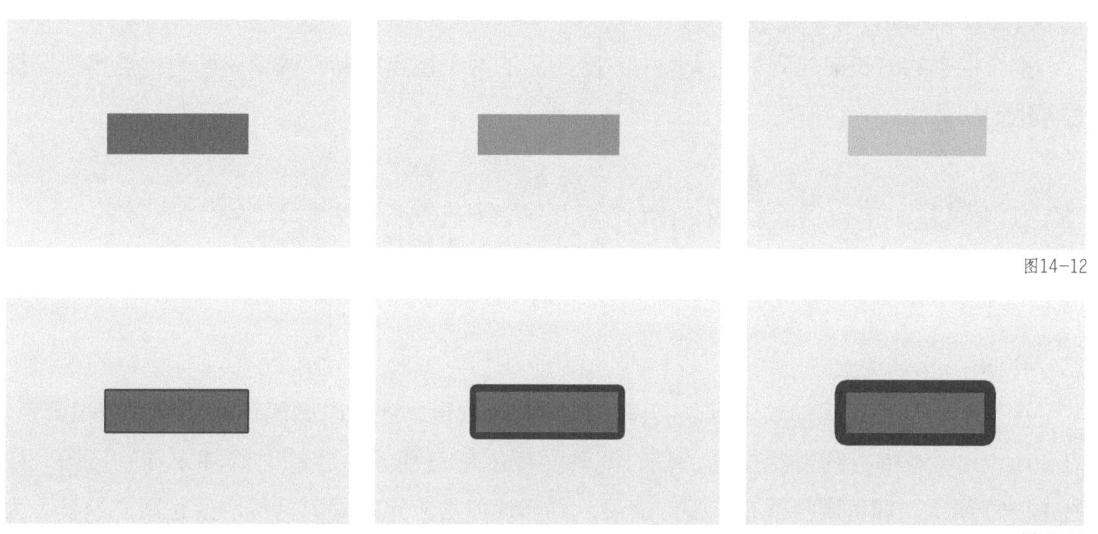

图14-12

图14-13

4. 形状的变换

在视频时间轴中，只有智能对象才可以进行形状的变换，所以需要将矩形转化为智能对象。在第0帧处单击“变换”栏中的“启用关键帧动画”按钮后，多次变换矩形形状和调整时间，即可创建多个关键帧。矩形形状变换的动作就完成了，效果如图14-14所示。

图14-14

5. 过渡效果

在视频时间轴中可以设置动画的过渡效果。过渡效果指的是元素与元素之间的过渡效果，如矩形图层设置渐隐过渡效果后，它就会在背景上缓慢地出现。设置过渡效果的方法是选中想要的过渡效果后，将其拖曳至时间轴上，如图14-15所示。

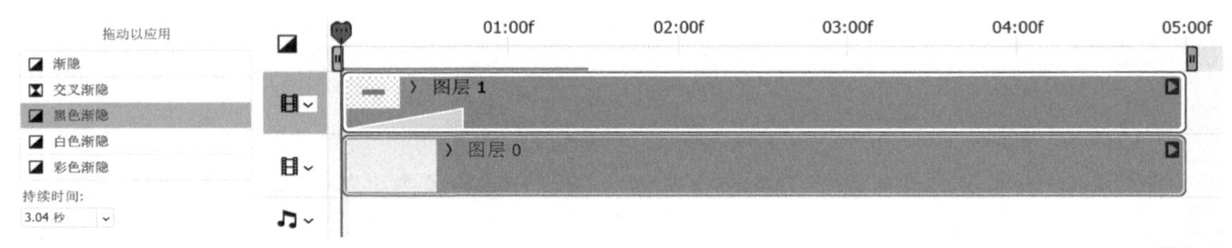

图14-15

过渡效果还可以调整过渡的时间长短，调整的方法是选中过渡效果并拖曳过渡效果块的长度。如果想要删除过渡效果，选中过渡效果单击鼠标右键，在弹出的快捷菜单中选择“删除过渡效果”即可。

提示 过渡效果只在导出视频格式文件时有效，导出GIF格式文件时，过渡效果是无效的。

6. 设置工作区域时间

整个视频的时长在时间轴上受图14-16所示的两个控点控制，调整这两个控点可以调整视频的时长。

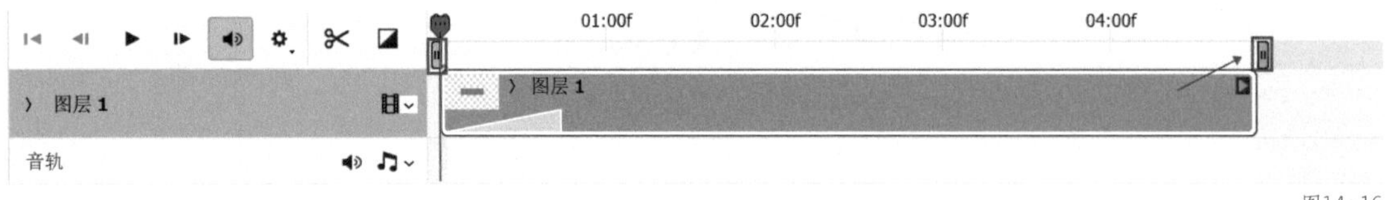

图14-16

7. 调整视频播放速度

用户利用视频时间轴除了可以制作简单的动画效果，还可以做简单的视频剪辑和调色。在Photoshop中打开视频文件，在时间轴面板上单击视频对应的时间轴末端的按钮，如图14-17所示，即可调整视频的播放速度。调节速度百分比的同时持续时间也随之改变，大于100%视频播放速度变快，小于100%视频播放速度变慢。

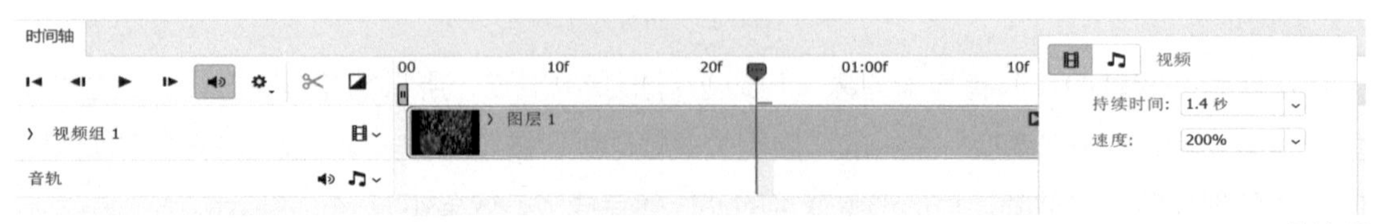

图14-17

8. 视频剪辑

按空格键可以开始或暂停播放视频。当视频播放到需要剪辑的地方时，可以单击“在播放头处拆分”按钮✂对视频进行拆分。视频被拆分后，可以选中不需要的片段按Delete键删除，删除的片段前后的两段视频将自动连接起来，这样就实现了简单的剪辑，如图14-18所示。

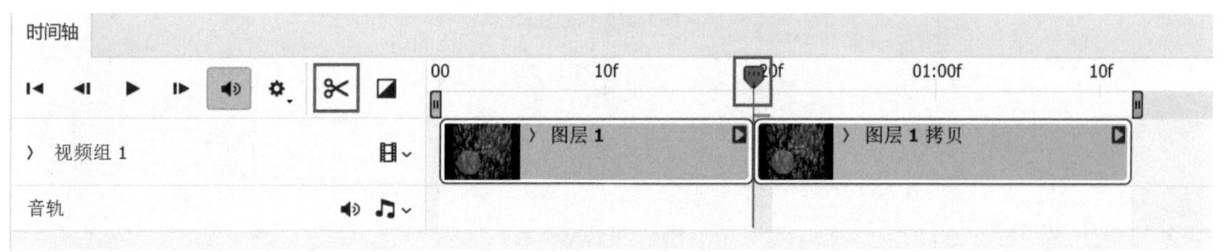

图14-18

9. 输出视频动画

想要输出视频文件，需要执行“文件-导出-渲染视频”命令，或单击时间轴面板左下角的➦按钮，在弹出的对话框中选择视频的格式，如H.264格式等，然后单击“渲染”按钮，即可导出文件，如图14-19所示。

图14-19

提示 帧动画与时间轴动画可以相互转换，将帧动画转换为时间轴动画需要单击按钮，将时间轴动画转换为帧动画需要单击按钮。

第2节 动画制作案例

在当前流行设计风格中，常在手机弹窗或闪屏位置添加动画效果，以增强视觉吸引力。本节就演示图14-20所示的弹窗动画案例的制作。

进行动画制作前，需要将一些图层合并和分类，如图14-21所示。

相对帧动画而言，时间轴动画的过渡效果更自然，因此，这里使用时间轴动画进行案例的演示制作。

打开文件，执行“窗口-时间轴”命令打开时间轴面板，分析图层结构，给需要添加动画效果的图层依次添加动画效果。首先对标题进行位置、不透明度变化的添加，给中间内容文字添加从大到小的变化及透明度的变化，如图14-22所示。

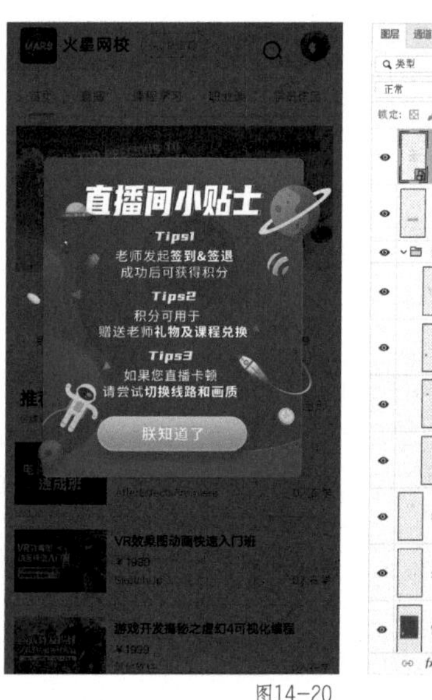

图14-20　图14-21

图14-22

分别对装饰点缀元素进行动态设置，将红包、金币等元素合并为一个图层并进行大小变化，如图14-23所示。

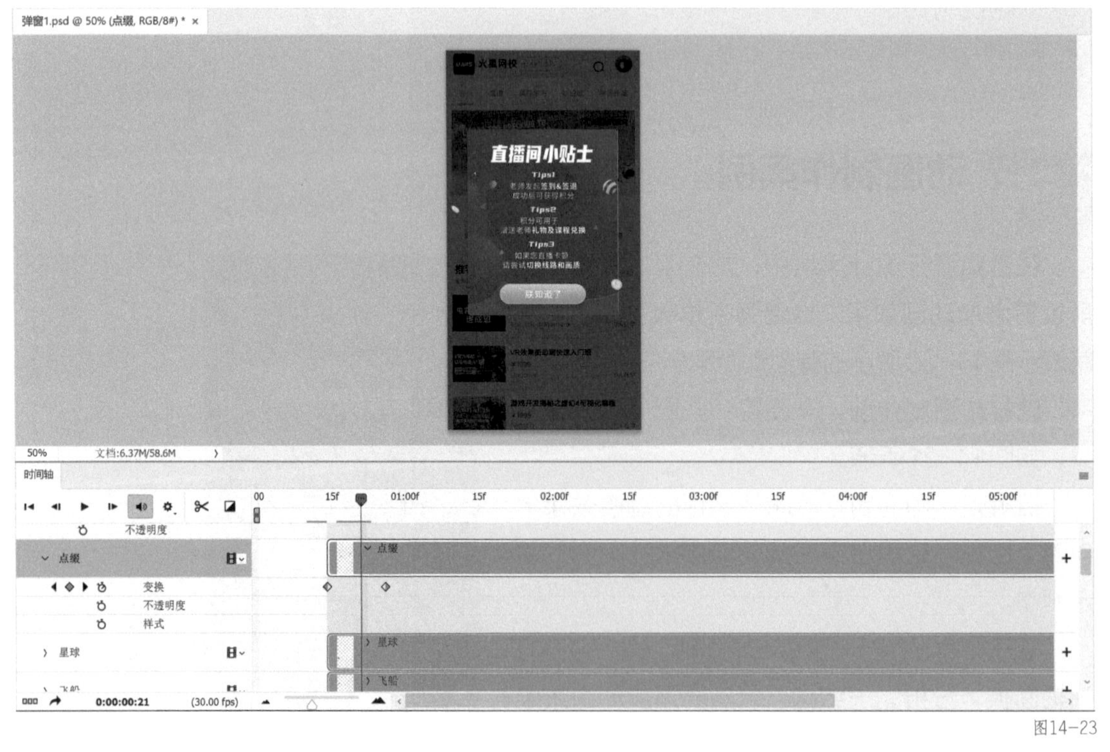

图14-23

给飞船和星球添加位置的移动变化，给宇航员和火箭添加不透明度的调节。当将需要添加的动效添加好以后，拖曳素材调整各素材显示的先后顺序。这里设定文字先出现，装饰元素后出现，如图14-24所示。

将调整好动效的内容渲染为MP4格式文件，将MP4文件置入Photoshop进行播放速度的调节和多余元素的裁剪，如图14-25所示。

提示 将播放速度调节好以后可根据需要将视频存储为GIF格式。

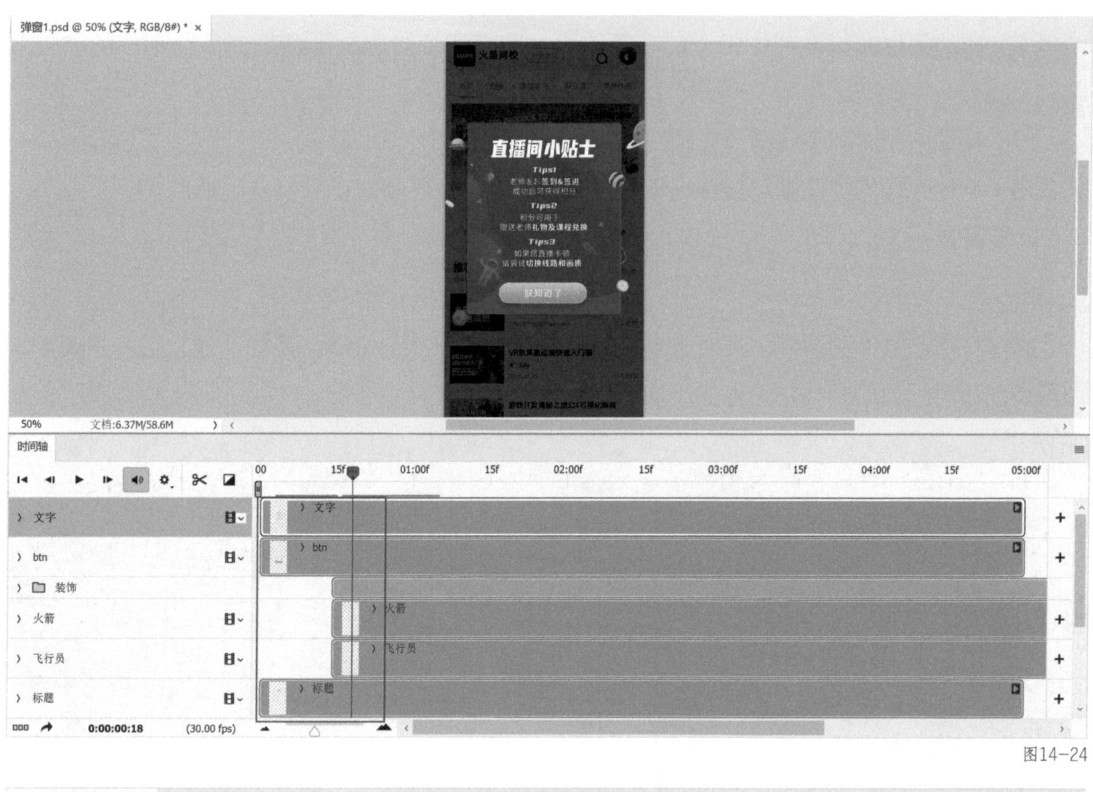

图14-24

图14-25

本课练习题

1. 判断题

（1）帧动画也就是设计中常说的GIF动画，即将多个静态画面连续播放而形成的动画效果。（　　）

（2）帧动画和时间轴动画可以相互转换。（　　）

（3）制作完成的帧动画可按快捷键Ctrl+Shift+Alt+S存储为GIF格式后播放。（　　）

参考答案：（1）√；（2）√；（3）√。

2. 操作题

请打开本课提供的图14-26所示的Banner源文件，给Banner添加动效，结合本课所学知识点创建时间轴动画，并给光效添加闪烁效果。

图14-26

操作题要点提示

1. 创建时间轴动画，给产品周围的光圈添加渐隐效果。
2. 给瓶身上的高光添加闪烁效果，通过添加不透明度变化来实现闪烁效果。
3. 给圆角矩形上的高光添加闪烁效果，制作方法与瓶身高光的变化相同。
4. 文字部分可根据具体效果选择添加或不添加，添加的话可将文字分为两部分。上方的大标题和中英文部分可制作从上到下的位置变换，下方的文字可制作从下向上的位置变换。

第 15 课

动作与批处理

动作和批处理是Photoshop中提高工作效率的重要功能，可以减少重复操作，快速完成图片的批量处理。本课通过实际案例讲解动作的创建与编辑及进行批处理的要点。

本课知识要点

- ◆ 动作的创建与编辑
- ◆ 批处理的操作

第1节 动作的创建与编辑

日常工作中经常会遇到需要进行相同操作的情况，如将图片上传到电商平台时，需要将图片裁剪成一样的尺寸；或在处理画册图片时，需要将图片调整成统一的颜色风格；还有给图片统一加水印等。当图片的数量很多时，逐张操作的效率就太低了。这时可播放录制下来的动作快速创建相同的图像效果。

下面通过一个案例来讲解动作的创建和编辑。首先打开本课提供的素材图片，如图15-1所示。这几张图片是需要上传到某图片共享平台的素材。这些图片要作为预览缩略图使用，需要的图片尺寸为100像素×100像素，因此需要对每一张图片都进行尺寸的调整。因为对每张图片的操作是相同的，所以就需要用到动作的功能。

执行“窗口-动作”命令打开动作面板，如图15-2所示。在动作面板中有一个默认动作组，这个组中的动作是系统预设的，在实际工作中用得比较少。

图15-1

图15-2

图15-3

单击“创建新组”按钮即可创建一个动作组，更改组的名称为“分享缩略图”，如图15-2所示。创建新组后，单击“创建新动作”按钮，更改动作的名称为调整尺寸单击“开始记录”按钮，动作面板下方的记录按钮变成了一个红点，代表系统已经开始记录动作，如图15-3所示。

因为图片的宽度、高度不同，所以动作的第一步需要更改画布大小把图片变成正方形。执行“图像-画布大小”命令，将宽度更改为1000像素。将图片变成正方形后，动作的第二步需要更改图片大小，执行“图像-图像大小”命令，将图片的尺寸更改为100像素×100像素。图片修改完成后的效果如图15-4所示。单击动作面板上的“停止记录”按钮，动作就记录好了，如图15-5所示。

如果记录动作的过程中发生误操作，则选中动作面板中的错误动作，将其删除即可。如果想要重新记录动作，再次单击动作面板中的“开始记录”按钮再次操作即可。

记录完动作后还需要将其应用到其他图片上。应用的方法是打开其他图片，选中对应的动作，单击“播放选定的动作”按钮。同时，动作还可以保存下来反复使用。因为存储动作需要存储动作组，所以选中动作组，在动作面板的右上角下拉列表中选择“存储动作”选项，如图15-6所示，然后选择存储位置进行保存即可。

图15-4

图15-5

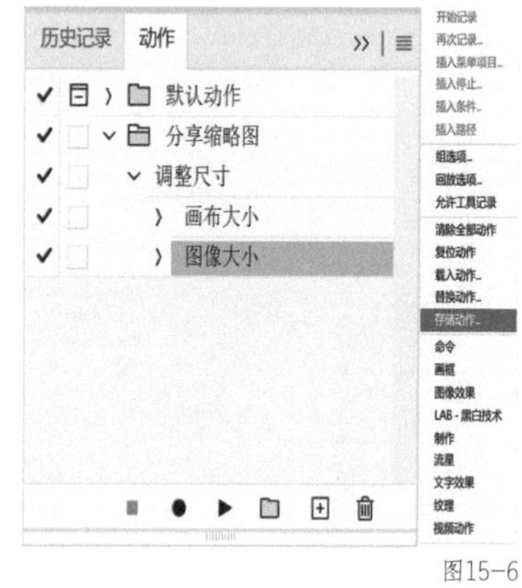

图15-6

如果想要在其他计算机上使用这个动作，需要把动作载入软件。载入动作的方法是在动作面板右上角的下拉列表中选择“载入动作”选项，在计算机上找到这个动作，单击“载入”按钮即可。

第2节 批处理的操作

设置好动作后，如果不想对逐张图片单击“播放选定的动作”按钮进行动作的操作，可以使用“批处理”命令。依然以上一节更改分享缩略图片尺寸的案例为例进行讲解。

首先执行“文件-自动-批处理”命令打开批处理对话框，如图15-7所示。在该对话框中可以选择需要的动作，在“源”下拉列表中选择图片的来源，在“目标”下拉列表中选择“文件夹”，设置文件导出的位置，单击“确定”按钮后系统将开始批处理的操作。

图15-7

在自动关闭处理好的图片时，如果出现提示保存图片的对话框，就说明此时还需要手动保存每张图片才能完成批处理操作。

想要解决这个问题，就需要勾选“覆盖动作中的‘存储为’命令”选项。勾选这个选项时，会弹出一个提示，提示内容大意是如果动作中存在“存储为”命令才可以进行覆盖，如果动作中没有“存储为”命令，那么勾选这个选项也是无效的。

此时需要再次修改动作。随意打开一张图片，打开动作面板，选中“分享缩略图”动作组下的“调整尺寸”，增加“存储为”动作，并将该动作保存下来。

再次打开批处理对话框，设置好动作、源文件夹、文件夹保存位置等，勾选“覆盖动作中的‘存储为’命令”选项，再单击“确认”按钮，文件就自动处理好了。

本课练习题

操作题

请使用动作和批处理功能给本课提供的图15-8所示的30张素材图片添加水印，水印为素材“共享素材Logo”。水印的大小、位置需要保持一致，Logo的不透明度统一设置为60%，效果如图15-9所示。

图15-8

图15-9

操作题要点提示

1. 新建动作组录制动作，置入“共享素材Logo”并调节其不透明度设置为60%。
2. 调整好Logo位置，存储图片，结束动作的录制并存储动作。
3. 执行“文件-自动-批处理”命令，选择对应动作和“源”文件夹，以及“目标”存储文件夹。

第 16 课

实战案例

前面的课程主要是针对软件操作的讲解，并结合综合案例的制作来加强读者对知识点的掌握，但仅仅掌握软件的使用技巧无法创作出好的作品，还需要掌握看、思考、临摹、实战4个步骤才能提升设计水平。

本课知识要点

◆ 海报设计

◆ 字体设计

➔ 加入本书售后群，即可获得本课详细讲解视频。

第1节 海报设计

在平面设计工作中较常出现的就是海报设计，海报一般有指定的主题和合作客户的特定需求等。在海报作品的制作过程中好的创意非常重要，好的创意可以更好地表达出设计者的情感，传达产品的卖点。

知识点 1 创作思路分析

海报设计非常考验设计者的综合能力，初学者经常会把握不好设计的方向和表现形式，往往跟着教程可以很好地完成海报作品，可自己设计时却不知从何下手。其实很多东西都有其规律，只要掌握了这个规律并且多去尝试，做出符合客户需求的作品并不是很难。

这里就以一个运营海报为例来讲解如何去构思和设计符合商业需求的作品。运营海报的内容是有关比萨的促销活动，客户推出的比萨种类繁多，为了推广产品还特地制定了“订单满50减18”的活动。该海报需要能展现产品的特点与活动内容。

1. 需求分析

当拿到客户需求时，首先要做的不是着手去设计，而是进行需求分析，了解客户的主要需求是什么。

在了解客户需求前要清楚宣传的产品是什么？有什么特点？用户群体是哪类？竞品的表现风格有哪些？当前流行的设计风格是什么？

就拿本节案例来讲，客户的主营产品是比萨，属于餐饮行业，由此信息可确定海报的主色调。在设计中餐饮类行业多以暖色调为主，容易让用户产生食欲和温馨的感觉。结合客户提供的主文案“美味比萨，订单满50减18”，可知客户的主要需求是推广产品和体现促销活动，那么在海报设计中就要突出产品和促销活动。

2. 竞品分析，查找设计参考

需求分析好后接下来就是设计风格的确定。快速获得灵感的方法就是借鉴，结合产品分析去参看竞品，分析竞品是如何体现产品的（作为初学者，借鉴是一个能快速给你提供设计思路的不错途径。即使是经验丰富的设计师，在进行正式设计之前，也要参考其他设计师的优秀作品来给自己提供设计灵感）。设计过程中前期的思考和分析时间应比具体执行设计的时间更久。当前案例的参考作品如图16-1所示。

3. 绘制草图和搜集素材

许多初学者经常曲解借鉴的真正意义，认为借鉴就是抄。借鉴和抄有明显的区别：抄是原版原样的复制，而借鉴是根据自己的分析从优秀的作品中提炼符合自己需求的亮点，并以一种新的形式应用到设计中。例如，本节案例色调参考3个作品的暖色调，文案内容展示参考第一个作品，产品展示方式借鉴第三个作品，氛围营造参考第二个作品，最后综合几个作品得到符合自己需求的设计。

图16-1

结合设计思路绘制简单的草图，让设计构思更加具象，如图16-2所示。草图不一定要多么详细和美观，其主要作用是帮助设计师理清思路，同时为前期素材的搜集提供参考依据。本案例搜集的素材如图16-3所示。

提示 前期的构思只是一个框架，因此素材并不是一次性搜集到的。前期搜集的素材主要用于大框架的搭建，在设计过程中可以随着画面的不断完善，再有针对性地搜集其他素材。

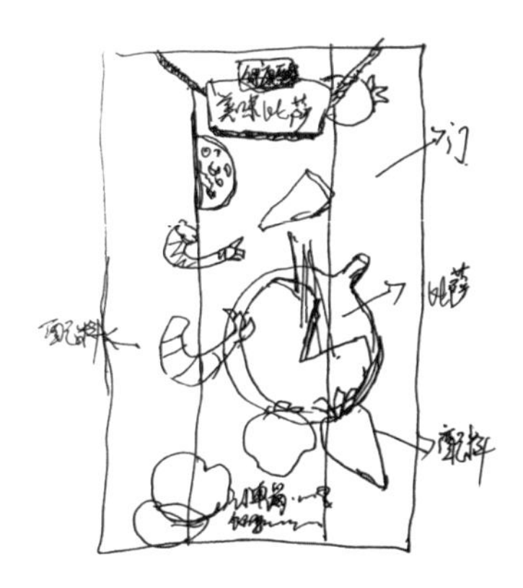

图16-2

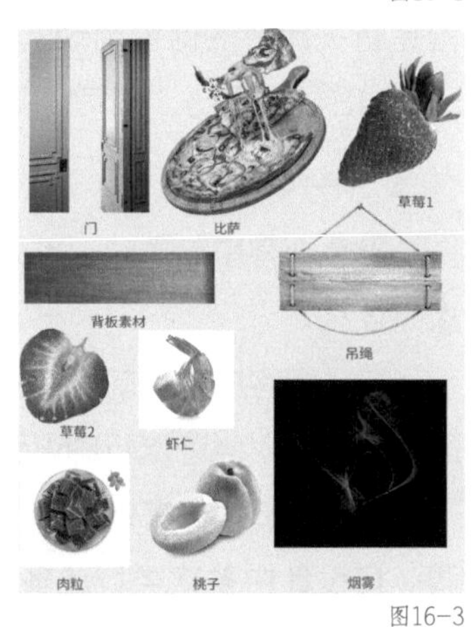

图16-3

知识点 2 操作过程演示

前期的准备工作做好以后，接下来就进入案例的制作过程。首先搭建大背景，将主产品置入画面，打造大环境并确定画面的整体调性，其他元素的添加则以大环境为依据进行细节的调整。

1. 搭建背景

新建尺寸为1080像素x1920像素、分辨率为72像素/英寸的文档，并为其填充土黄色，置入背景素材“门”，调整门至合适的大小，保持门在画布的中间位置，如图16-4所示。给门添加内发光图层样式来打造开门时光亮的效果，具体参数设置如图16-5所示。

图16-4

调节门的颜色与背景色接近，并将其两边压暗，以突出中心视觉，如图16-6所示。门的色调主要用色相/饱和度调整图层来调节，勾选“着色”选项调节色相。添加色彩平衡调整图层丰富画面色调，添加曲线调整图层增强图像的明暗对比，具体调节方式如图16-7所示。

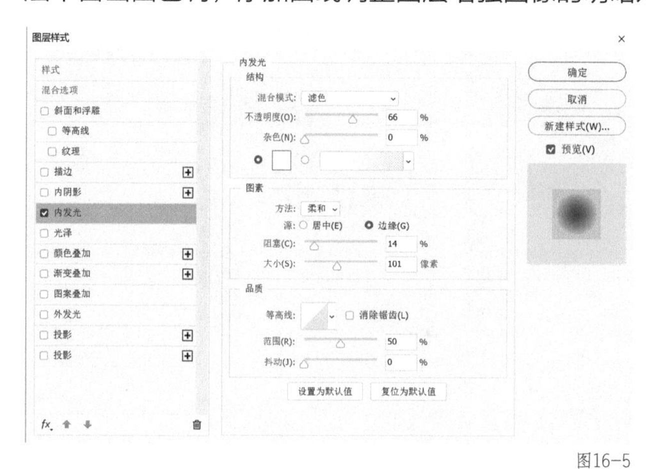

图16-5

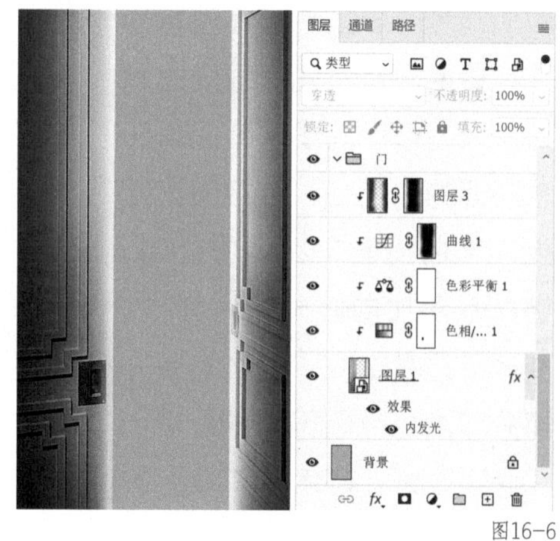

图16-6

提示 曲线调节并不能完全达到压暗两边的目的，可新建图层并使用暗咖色将两边压暗，再将图层设置为线性光混合模式，使颜色层与背景更加融合。

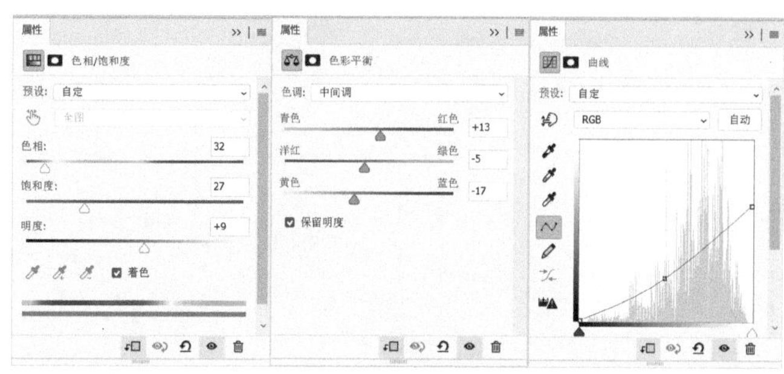

图16-7

新建图层，在门的右边位置添加不透明到透明的白色渐变，可以提亮中间位置，营造光照的效果，如图16-8所示。选择矩形工具绘制矩形并对其进行羽化调节，用它制作单条光束。将光束复制多个并做对齐和平均分布，选中所有光束，执行“编辑-自由变换”命令（快捷键为Ctrl+T）进行透视调节，并旋转光束至合适角度。给光束组添加图层蒙版，使用黑色画笔工具编辑图层蒙版，使光束过渡自然，效果如图16-9所示。

图16-8

图16-9

2. 置入主产品素材

置入主产品素材，复制一份放在门后，并将门后的产品适当调小，使前后产品有大小对比，拉开画面空间感，效果如图16-10所示。结合背景光效分别对前后产品做不同的光效调节，如图16-11所示。针对门后的产品，在门与产品接触处添加暗色图层，并将其设置为正片叠底混合模式。画面光源为逆光，可用曲线调整图层压暗前面的主产品，结合图层蒙版调节曲线使产品局部变暗。给产品添加内发光图层样式，使产品边缘变亮。在产品受光部分添加亮色图层来进一步细化光照效果，可添加多层使光效更有层次，具体参数设置如图16-12所示。

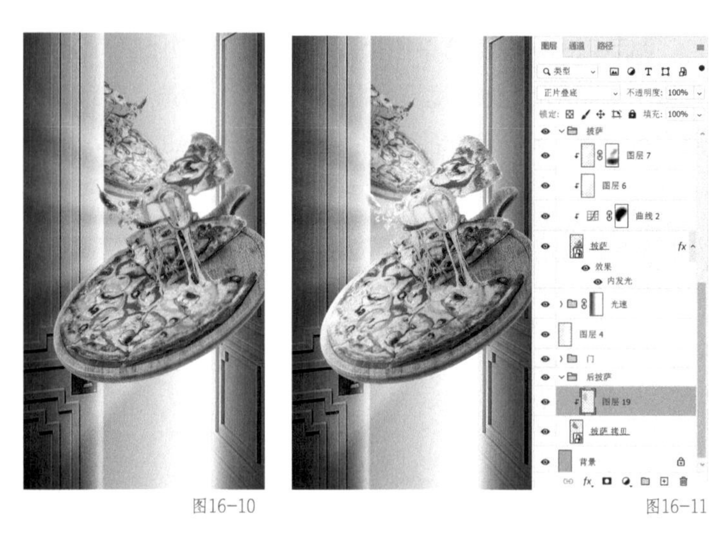

图16-10　图16-11

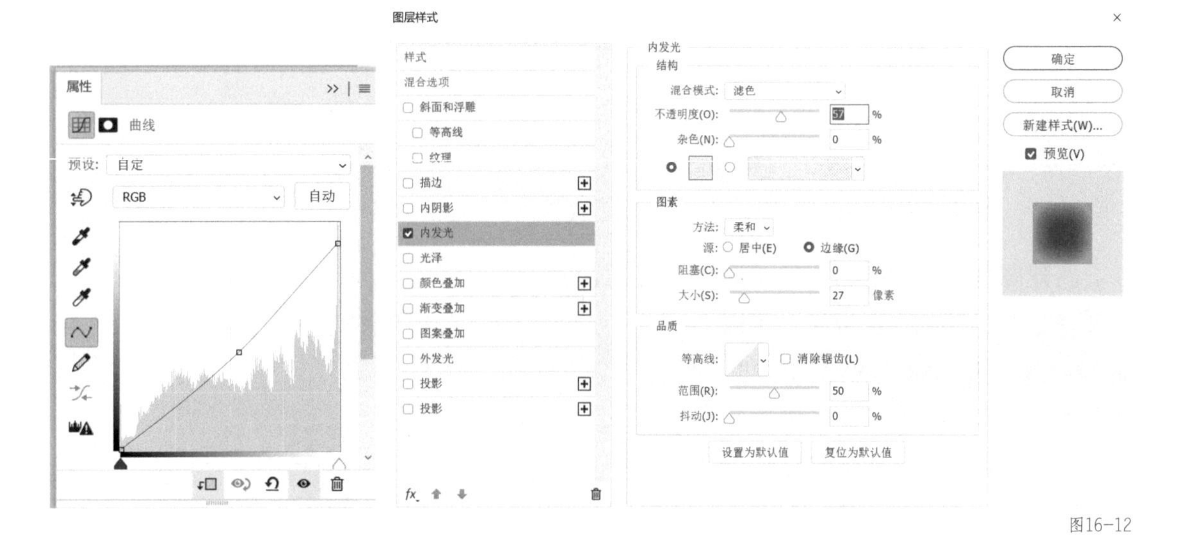

图16-12

3. 添加辅助元素

主视觉打造完成后，整体画面看上去略显呆板，辅助元素的添加能更好地丰富画面，营造热闹的活动氛围。

首先是添加草莓，为上方的草莓添加动感模糊智能滤镜，制作模拟草莓下落的动态效果。为草莓添加提亮的调整图层，并将其图层混合模式设置为柔光，制作的光照效果如图16-13所示。

为中间的草莓添加内阴影图层样式。这里对内阴影进行高光设置，以便打造草莓受光部分的光照效果。添加暗色调整图层，并将其图层混合模式设置为正片叠底，将背光面压暗。在草莓的下方添加亮光调整图层，并将其图层混合模式设置为叠加，将下方提亮，如图16-14所示。

复制比萨的曲线调整图层，并将其放到下方草莓的上层建立剪切蒙版。给草莓添加与比萨相同的压暗效果，同时给草莓添加内发光图层样式来提亮草莓边缘，如图16-15所示。

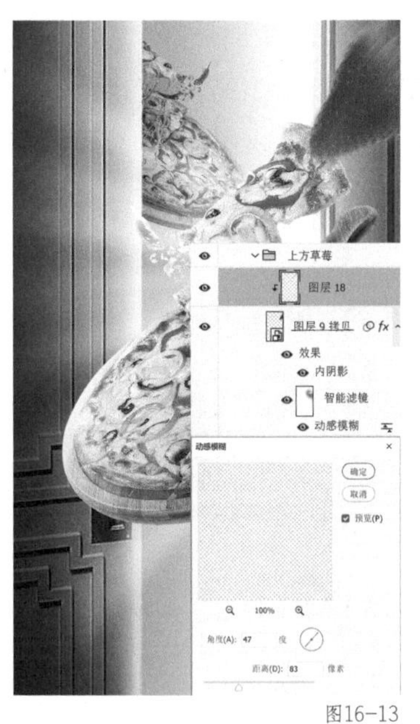
图16-13

图16-14

图16-15

添加虾仁元素，为上方的虾仁添加动感模糊智能滤镜。在底部添加内阴影图层样式，对内阴影进行高光设置以打造逆光效果，如图16-16所示。复制比萨的曲线调整图层来压暗前面的虾仁，为其添加内阴影图层样式，同样对内阴影做高光设置以打造逆光效果，如图16-17所示。

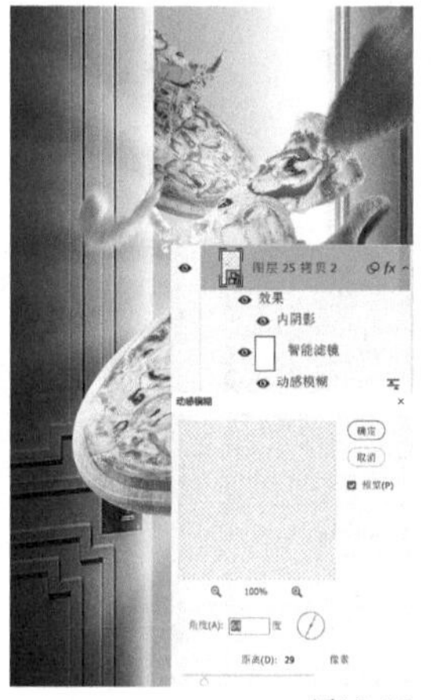

图16-16

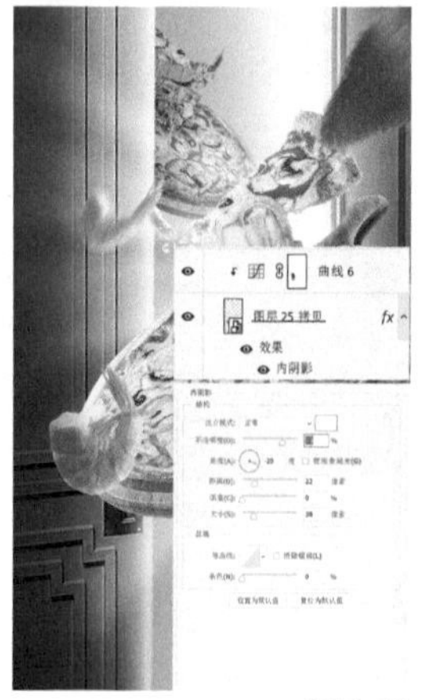
图16-17

添加肉粒和桃子元素，使用多边形套索工具从提供的肉粒素材中抠取一颗肉粒，为其添加色相/饱和度和曲线调整图层，同时为其添加动感模糊智能滤镜以打造动感效果，并在图像右侧添加内阴影图层样式，对内阴影做高光设置以制作逆光效果，如图16-18所示。复制比萨的曲线调整图层来压暗桃子，并为其添加高斯模糊智能滤镜，虚化桃子以更好地衬托主视觉，如图16-19所示。

4．添加文案

选择圆角矩形工具绘制文字背板，在背板上方添加内阴影图层样式，这里对内阴影进行高光设置。在圆角矩形上添加背板木质素材，并按快捷键Ctrl+Shift+U将背板去色，将其与下层图层建立剪切蒙版，并设置图层

图16-1

混合模式为叠加。添加亮色调整图层，并设置图层混合模式为柔光，进一步提亮背板上部，如图16-20所示。复制圆角矩形并向下移动，适当缩小背板，为背板填充深咖色，制作出背板厚度。给厚度图层添加内阴影和外发光图层样式，如图16-21所示。绘制矩形线框，为其添加内阴影和投影图层样式制作凹陷效果，如图16-22所示。添加标题“美味比萨”，给文字层添加渐变叠加和投影图层样式，如图16-23所示。

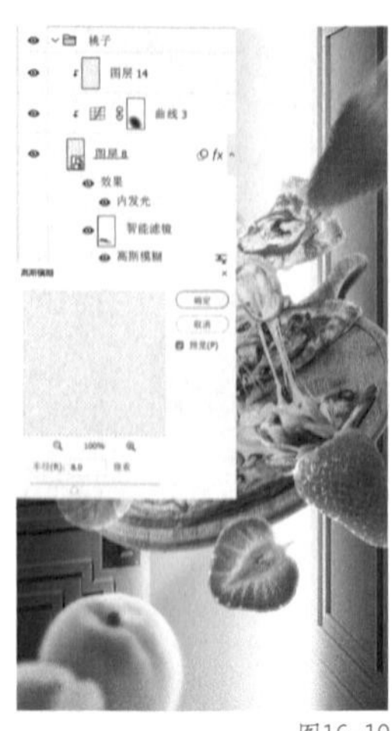

图16-19

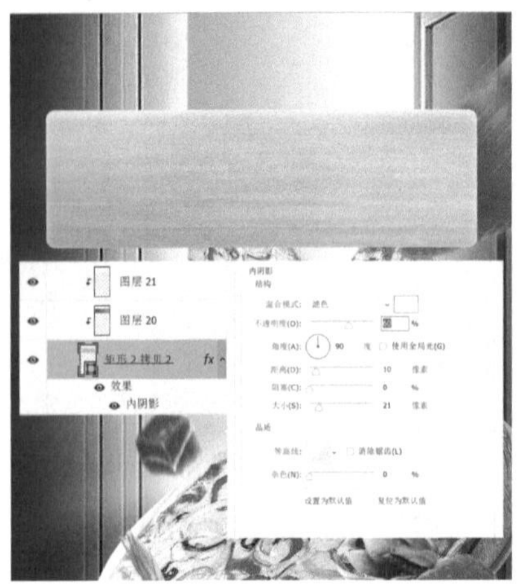

图16-20

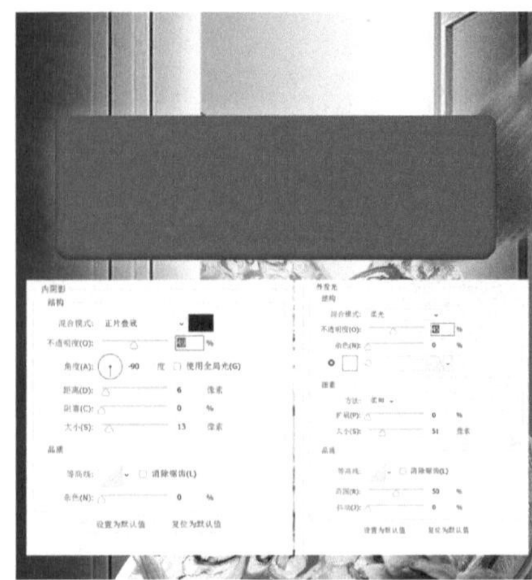

图16-21

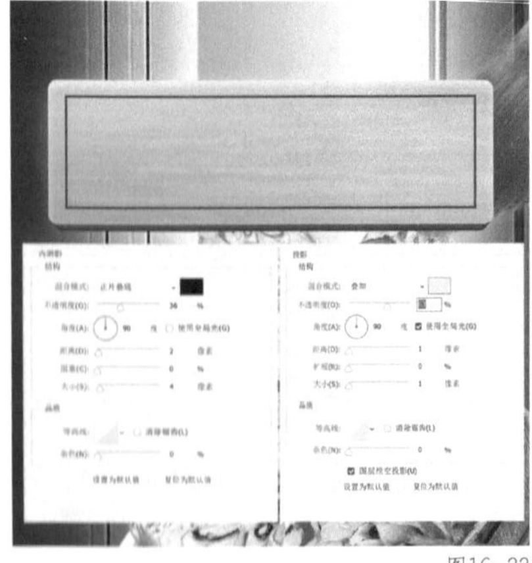

图16-22

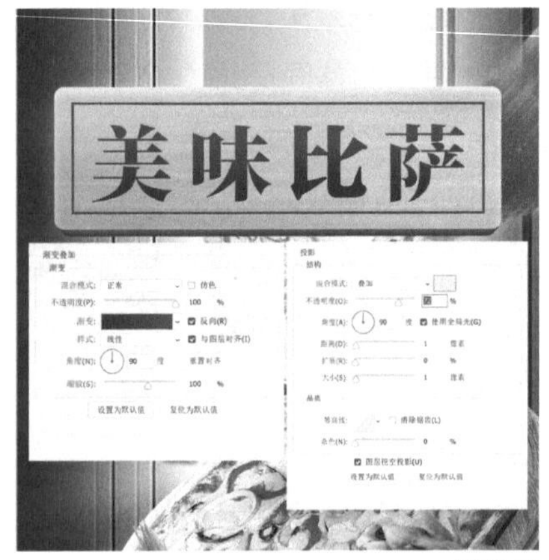

图16-23

图16-24

上方小字的背板和该背板的处理方式相同，可直接复制大背板并等比例缩小，具体参数根据实际效果适当调节。抠出吊牌下方的绳索置入图层，注意其位置和大小，如图16-24所示。在海报下方添加活动内容文字“订单满50减18”并为其添加描边图层样式进行强调，绘制圆角矩加“你要的都在这里，口味多多，选!”广告语作为辅助文字，效果如所示。

图16-25

图16-26

5. 营造氛围

新建图层并填充为黑色，执行“滤镜-渲染-镜头光晕”命令，打开镜头光晕对话框，选择105毫米聚焦镜头，调节光照位置后单击“确定”按钮，并设置图层混合模式为滤色，制作出光照效果。添加烟雾效果营造新鲜出炉的氛围，如图16-26所示。在图层面板最上层添加色彩平衡调整图层调节整体色调，添加曲线调整图层增强画面明暗对比。按快捷键Ctrl+Shift+Alt+E盖印图层，执行“滤镜-其他-高反差保留”命令，同时将图层设置为叠加混合模式来增强画面质感，如图16-27所示。

图16-27

第2节 字体设计

文字在海报中一是起到说明的作用，二是作为图片或者主体视觉的形式存在。在设计工作中大部分文字字体不可随意使用，文字字体是有版权的。当必须使用有版权的文字字体时，要么购买字体版权，要么自己设计字体来满足设计需求。本节主要讲解字体设计方法和字体设计的案例演示。

知识点 1 字体设计方法

字体设计的方法主要有分割法、共用借型、替换法、象形法等，接下来将针对每种设计方法进行讲解。

▌分割法是将原本需要连接的笔画断开，设计时需要控制断开数量，如图16-28所示。

有格青年

有格青年

图16-28

▌共用借型是将一个笔画与多个文字一起使用，能够减少笔画数量，使多个文字的整体性更强，如图16-29所示。

▌替换法是将文字中的某个笔画用与内容相关的形状替换，或使用其他文字的笔画来替换已有的笔画。注意替换的方式一定要恰当，不要生搬硬套，还要注意控制替换数量，如图16-30所示。

图16-29

ROSE TEA
2018花蕾茶上市
玫莉蔻·玫瑰花蕾茶

图16-30

象形法是按照文字或产品的含义对文字进行变形，如图16-31所示。

图16-31

提示 在进行字体设计时，注意风格的统一性、横竖笔画的粗细保持一致和整体视觉的平衡性。

知识点 2 字体设计案例

字体设计根据难易程度分为3个层级，最容易掌握且比较好实现的方法就是在字库字体的础上进行修改；第二个层次就是根据字库字体的框架重新绘制笔画；更高的层级就是设计字体，这是最难的方法，需要设计师具备丰富的设计经验和极强审美把控能力。对设计来说，直接在字库字体的基础上进行字体设计是比较容易掌握的设计方法。接下来就体设计案例为例来讲解字库字体设计的操作方法，最终效果如图16-32所示，案例所用素材如图16-33所示。

图16-32

图16-33

1. 搭建背景

新建尺寸为1920像素x1920像素、分辨率为72像素/英寸的文档。为文档填充暗色，置入背景图片并添加图层蒙版，使用黑色画笔工具编辑图层蒙版，使图片与下方背景更加融合。添加色相/饱和度调整图层将背景去色并压暗，如图16-34所示。在背景图层上层添加火焰素材，并设置其图层混合模式为滤色，营造烽火连天的氛围，效果如图16-35所示。

图16-34

图16-35

2. 选择字体

搭建好背景后，进入字体设计环节。在进行字体设计之前，首先要分析文字的含义，不同的文字表达的意义也不同。

文字字体主要分为无衬线和有衬线两大类。黑体字就是无衬线字体的代表，该字体末端没有装饰，字体细节简洁、年轻、时尚，使用广泛，多用在以年轻人为主要用户群体的品牌的海报设计中。宋体字是有衬线字体的代表，该字体末端有装饰和细节处理，给人以精致感，端庄大气，多用在高档品牌、女性品牌或具有文化感和历史感的宣传海报设计中。

本案例主题文字为“长征行”，文字内容传达的含义可作为字体选择的依据，这里选择思源宋体的Heavy字体样式为基础。

3. 修改字体

选择文字工具，设置字体为思源宋体的Heavy，输入主题文字“长征行”并放大字体至合适大小。选择文字图层，单击鼠标右键将文字转换为形状。使用直接选择工具和钢笔工具对文字进行修改，将多余的装饰角和弧度去除，使文字显得更加坚毅干净，效果如图16-36所示，注意将横竖笔画调整保持一致。

4. 修饰文字

设置文字颜色，给文字添加斜面和浮雕、内发光和投影图层样式，打造立体字效果，如图16-37所示。具体参数设置如图16-38所示。

图16-36

图16-37

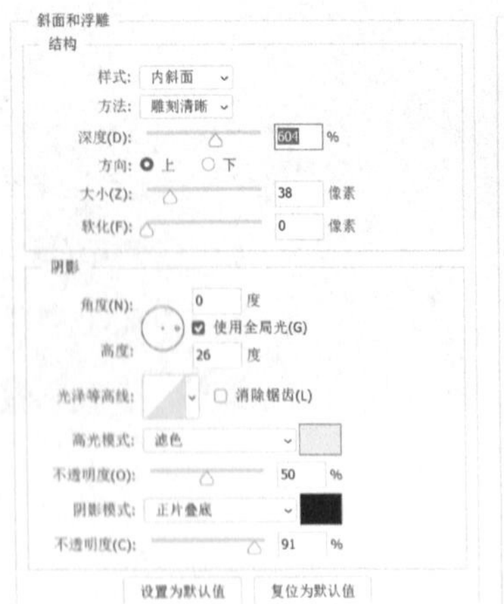

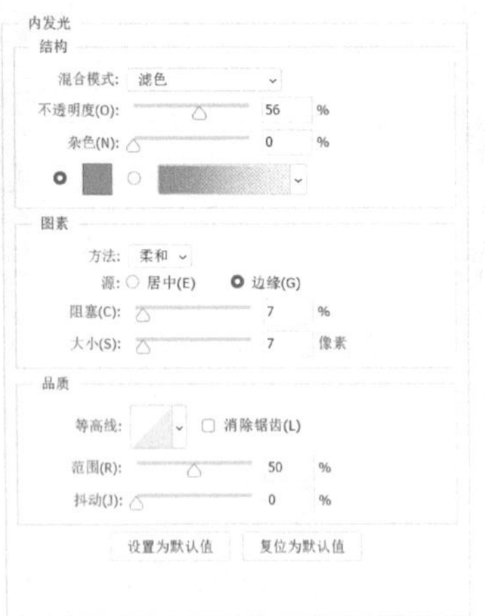

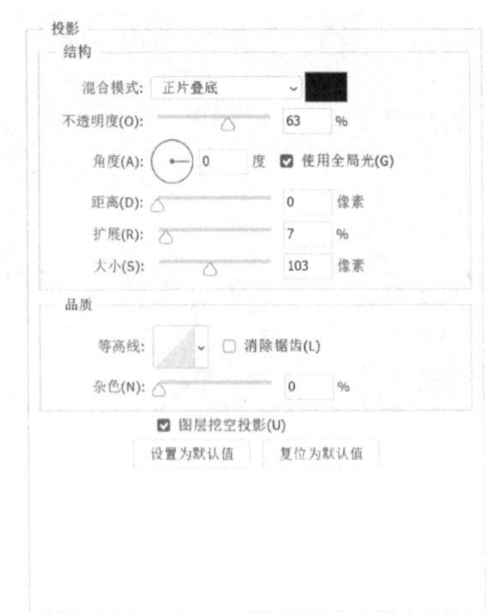

图16-38

置入金属材质素材并与下层的文字图层建立剪切蒙版，将金属材质图层的图层混合模式设置为正片叠底，调节图层不透明度为60%。使用画笔工具在文字图层上层添加橘色图层，设置该图层混合模式为柔光，将其与下层文字图层建立剪切蒙版，为文字添加环境光。在文字受光面使用画笔工具添加亮色调整图层，设置该图层混合模式为柔光，增强文字明暗对比。新建图层为其填充50%灰色并设置该图层混合模式为叠加。使用减淡工具在灰色图层上沿字体亮部进部涂抹，以打造金属效果，如图16-39所示。

择钢笔工具并设置其形状属性，关闭填充，打开描边填充，设置描边粗细为3 ~ 4像素，几个关键位置添加亮边效果，并添加图层蒙版做光线过渡，效果如图16-40所示。置

图16-39

入星光素材和高光素材，设置它们的图层混合模式为滤色。高光图层和星光图层可复制多层，分别沿文字结构添加发光效果，进一步增强字体质感。在“长征行”文字下方添加辅助文案“红军不怕远征难，万水千山只等闲。”辅助文案的颜色可复制上方文字的颜色，并复制“长征行”文字的斜面和浮雕与投影图层样式，效果如图16-41所示。

5. 调整氛围

将火星素材置入文档并放在文字图层上方，设置图层混合模式为滤色。添加图层蒙版，选择画笔工具编辑图层蒙版使火星与背景过渡得更自然，效果如图16-42所示。在图层上层添加曲线和色彩平衡调整图层，对整体画面进行色调统一并进一步增强画面明暗对比。按快捷键Ctrl+Shift+Alt+E盖印图层，执行“滤镜-其他-高反差保留”命令，同时将图层设置为叠加混合模式从增强画面质感，如图16-43所示。

图16-40

图16-41

图16-42

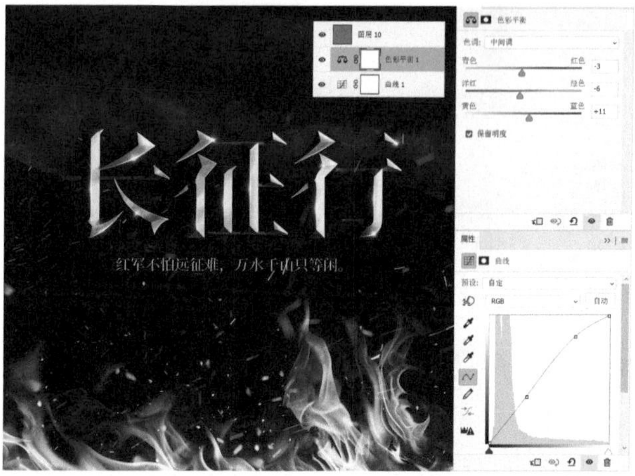

图16-43

设计的构成元素是图片、文字、形状、色彩，学习软件的目的则是为了更好地运用这些元素来表达设计者的设计思想。想要成为一名优秀的设计师，就要不断提升自己的审美，还要善于总结和借鉴。

本课练习题

1. 选择题

（1）海报设计的流程主要包括哪些？（　　）。

A. 需求分析　　B. 竞品分析　　C. 绘制草图　　D. 软件制作

（2）下列哪项不属于字体的设计方法？（　　）。

A. 切割法　　B. 共用借型　　C. 替换法　　D. 象形法

参考答案：（1）A、B、C、D;（2）A。

2. 操作题

请使用本课提供的图16-44内提供的素材制作营养餐海报，进行综合知识的练习，最终参考效果如图16-45所示。

海报尺寸：1080像素x1920像素

分辨率：72像素/英寸

颜色模式：RGB

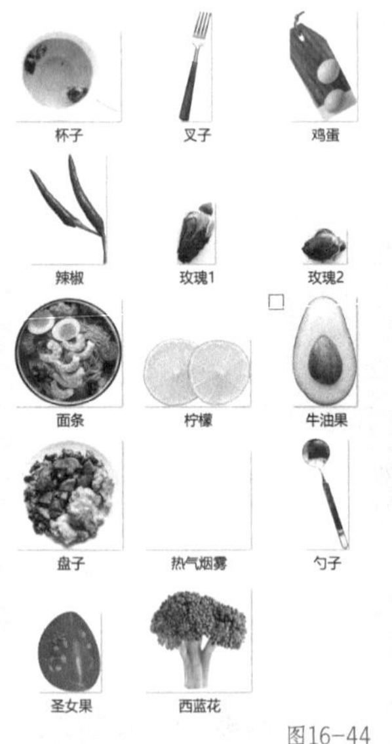

图16-44

图16-45

操作题要点提示

1. 搭建背景，利用渐变填充最下层背景，使用形状工具搭建细节，分块模拟桌面效果，并在背景上层添加杂色效果来增加质感。

2. 添加面条主元素，确定主色调并添加阴影效果，可添加多个图层样式使阴影更加具有层次感。

3. 其他元素的添加思路都是一样的，先调整色调与整体色调保持一致，注意投影图层样式的添加，保持受光方向一致。

4. 左上方的元素为光线最亮的部分，在进行添加时亮度对比最强烈，注意增加其亮度。

5. 突出主标题，注意层级关系，利用色块突出优惠活动。

6. 最上层利用曲线调整图层和色彩平衡调整图层来统一调整画面色调，盖印图层做高反差保留来增强画面质感。